U0088510

給小大人的「孫子兵法」入門祕笈

監修
齋藤孝

漫畫
ヤギワタル

楓樹林

前言

一九六〇年出生於靜岡縣。東京大學法學部畢業，東京大學大學院教育學研究科博士學程修畢，現任明治大學文學部教授。專業領域為教育學、身體論、溝通論。

《重拾身體的感覺（暫譯）》（NHK出版）獲新潮學藝獎。《唸出聲音的日本語》（草思社）掀起日語熱潮，獲頒每日出版文化獎特別獎。亦有《職場日語語彙力》、《只有讀「書」能抵達的境界》、《懂書寫的人才能得到的事物（暫譯）》等多本著作。擔任NHK教育頻道《玩日語》的總指導。

在數百年之間持續傳閱的名著中，《孫子兵法》尤其特別。《孫子兵法》成書於兩千五百年前，一直是長期暢銷書。正因為它直指人類與社會的本質，具備完整哲學觀，因此不僅是一本兵法書，更是與佛經、聖經等經典齊名的長壽書籍。

《孫子兵法》是中國春秋時代，吳國武將孫武的著作。孫武是春秋五霸之一闔閭的兵法家，孫子有「孫老師」之意。

綜觀中國古代史，最古老的王朝夏朝成立於西元前二〇七〇年，商朝約在西元前一六〇〇年，西周在西元前一〇五〇年成立。

此後，大約在西元前七七〇年，吳、越、齊、晉、楚等都市國家群雄割據，與東周時代重疊，開啟了爭奪霸業、戰爭擴大的春秋時代。西元前四〇三年，齊、楚、韓、魏、趙、燕、秦等國為了國家存亡而激戰，進入戰國時代。西元前二二一年由秦國統一天下，而這兩個時期合稱為春秋戰國時代。

然而，秦朝僅短暫統治天下，經歷西漢（前二〇二年～）、東漢（二五年～），來到為人熟知的《三國演義》魏、吳、蜀三國時代（二二〇年～）。

春秋戰國時代的戰爭規模擴大，演變為相互殲滅的戰爭時代。

在初期，會完全消滅敵國的戰爭並不多，但隨著時代推演，併吞戰敗國並自稱強國的風氣更盛，發展出戰敗即滅國的意義。戰爭期間延長，導致國家傾全國之力投入戰爭的局面。

春秋時代達到每支部隊有一萬兩千五百名士兵的軍隊規模，規模隨著時代演進而擴大。武器由青銅製品改為鐵製品，不僅有馬匹拉動的戰車，騎兵也登場了。中國進入亂世，家臣打倒君主以奪取國家，推翻上位者的風氣盛行。

在戰爭形態轉變的時代背景下，《孫子兵法》拋出「何謂戰爭」的疑問，雖是一本兵法書，卻提出「不戰而勝最好」如此驚人的解答。

當時，《孫子兵法》的內容書寫在竹簡上，由繩子綑綁的細長竹片製成，據說全書有八十篇，現存十三篇。第一篇是「計篇」，而後是「作戰篇」、「謀攻篇」、「形篇」、「勢篇」、「虛實篇」、「軍爭篇」、「九變篇」、「行軍篇」、「地形篇」、「九地篇」、「火攻篇」、「用間篇」（不同底本的內容有異）。

「計篇」闡述戰爭的本質，倡導戰前準備的重要性，強調不打沒有勝算的仗，並且說明戰爭的實際流程，包括制定作戰計畫、發動軍事行動、行軍……

《孫子兵法》涵蓋豐富的思想與戰略、智慧與戰術，特色在於澈底的現實主義觀。

舉例來說，對於當時被視為常識的占卜或神諭觀念，《孫子兵法》毫不理會。孫子不認同古代推崇直接上戰場比收集情報更重要的觀念，他教導戰前資訊戰的重要性，以及活用間諜的方法。

話雖如此，中國古代兵法不一定適用於任何時代和國家。武田信玄喜愛《孫子兵法》，甚至將孫子兵法之一的「風林火山」印在旗幟上，但其實他曾在武田家軍書《甲陽軍艦》中記載，日本的地理、地形、武器等條件皆與中國不同，因此無法活用孫子兵法。

然而，為什麼十八至十九世紀的英雄拿破崙、十九至二十世紀的德意志皇帝威廉二世都喜歡閱讀《孫子兵法》呢？

為什麼軟銀集團創辦人孫正義、微軟公司創辦人比爾 蓋茲這些現代商業界的大人物都喜歡《孫子兵法》？

因為《孫子兵法》透過戰爭深入洞察人類的生存思考方式，在國家或組織經營、領導能力的培養方面可提供多元見解。

不僅是戰爭，所有競爭和勝負最終還是因人而起，由人執行。想贏就得了解跨越科技進步、時代變遷的一般人類學。對人生感到迷惘，煩惱領導者該做什麼的時候，《孫子兵法》具有為你指點迷津的力量。

更重要的是，不能輕忽《孫子兵法》大力提倡的「勿死勿滅」觀念。孫子〈火攻篇〉記載：「亡國不可以復存，死者不可以復生。」

如今世界分裂且戰爭威脅頻傳，《孫子兵法》的「不戰而勝」思想更是重要。

目次

第二章「資訊戰」——掌握情報者得勝

第三章

「基本戰略」——不戰而勝才是真正的勝利

第四章

「具體戰術」——將一切化作武器

第五章

「經營管理」

——凡人團隊勝過一人天才

第六章

「領導能力」——捨棄私慾，無私奉獻

本書以二〇一七年十二月發行之《一分鐘孫子兵法（暫譯）》為基礎，進行大幅度加筆，修改及編輯，並繪製全新漫畫。

第一章

「原理原則」

——無勝算，不參戰

01 未做足準備前不迎戰。

勝兵先勝，而後戰；敗兵先戰，而後求勝。（形篇）

孫子說：「打勝仗的軍隊，在戰爭開打前為實現勝利而準備；而常敗的軍隊，則在戰爭開打後才開始求勝。」

不戰而勝的觀念是「孫子兵法」的精髓。戰爭會帶來龐大犧牲，贏了戰事卻輸了國力沒有意義。更別說戰敗根本沒有好處。

所以，不論如何都無法避免戰爭時，應該盡可能減少犧牲，追求絕對性的勝利。

在當時，許多國家常在未做好準備的情況下上戰場奮戰，孫子認為這種「先打再說」的戰法將導致失敗。

決勝關鍵不在於戰鬥過程，而在於事前準備。澈底收集情報並加以分析，贏在準備階段的人，實戰時同樣能獲勝。相對地，準備不足的人不管怎麼努力都會失敗。

準備程度是成敗的關鍵，孫子的原則在現代依然不變。想在談判中獲勝就得澈底研究對手。敵方準備一分，我方則準備五分，覺得「能贏」的時候才首次站上談判桌，這才是致勝理論。

模擬考會場
看我的！
來試試身手！
雖然沒什麼讀書…
但認真考就能輕鬆過關吧…
嗯？比我想的更難…
唔嗯…
幾天後
咦？
你的分數
2分
考太爛了，根本沒參考價值嘛……！

02 任何人都能勝利才是好的作戰計畫。

稱勝者戰民也，
如決積水於千仞之隙，
形也。
（形篇）

孫子說：「**針對敵我成敗制定計畫的人，每當人民上戰場都能如積水衝出千仞高的谷底，這就是獲勝的情勢（形）。**」

「形」意指在清楚看出勝利之前，決定成敗的隱性必勝情勢。

孫子經常建議，別抱持著不打就不知道結果的心態投入戰事。應該在開戰前就要看見勝利的情勢，或是最少也要營造絕對不會輸的情勢，並在此前提下迎戰。

看看水災的影片就知道了，水有壓倒性的力量，光憑人力不可能阻擋水的猛烈衝擊。孫子認為**像洪水瞬間擊潰敵軍那樣，提升氣勢和局勢才是兵法**。

在缺乏氣勢和必勝局勢的情況下直接打仗，只能仰賴個人的力量。我們必須避免這種會產生大量犧牲者的戰法。

讀書也好運動也罷，重要的是平時澈底的練習和準備。紮實的練習準備一定能提升實力，還會加強「我做得到」的自信。平時不努力而臨陣磨槍，雖然能帶來「完成感」，卻無法保證每次都能獲勝。

義雄！模擬考考得怎樣？
緊張
不怎麼樣的人……
不安
我嗎？
還行吧。
明明就考超好！
大失所望
哈哈哈
不用太在意模擬考的分數啦。
一本正經!!
模擬考不過是為了正式考而做的準備罷了。
感覺好帥喔！
再跟我多說一點！
哈哈哈哈
就是叫你好好用功的意思啊。

03 不感情用事，根據數字和理論下判斷。

故善者，修道而保法，故能為勝敗正。
（形篇）

孫子說：**「善戰的人會在戰鬥中實踐成敗的道理，在戰鬥中堅守成敗的原則，因此能隨心所欲掌握勝負。」**

〈形篇〉解釋道：「原則一是以尺規計算的度，二是以容量計算的量，三是以數量計算的數，四是衡量雙方的稱，五是策劃勝利的勝。」

「度」可判斷戰場的面積和距離，「量」可判斷投入的物資量，「數」可推算動員的兵力，「稱」可判斷敵我之間的實力差距，「勝」可以得出勝負機率。

為了比較檢討敵我的實力，並精準預測成敗結果，孫子認為**不可依照感覺行事，不可以主觀想法觀察情況，而應該以數據來思考**。知道度和量就能得出數，知道數就能稱，進而導出勝利的結果，增加必勝的局勢。現代人會透過數字和理論進行模擬，並冷靜分析成敗條件，判斷是否開戰。

隨著資訊科技的進步，運用數字將萬事萬物視覺化的時代來臨，數據的善用程度將大幅影響成果。孫子的數量思考觀念，無疑在資訊化的現代社會中愈來愈重要。

等等！
那個⋯⋯你教教我該怎麼讀書吧⋯⋯
你認真的？
⋯⋯對。
第一步，別以為什麼都不做還能船到橋頭自然直。
不要盲目行事，而是應該制定計畫。
掌握讀書的範圍。
依照可讀書的天數分配時間。
喔！
考試範圍
可讀書的時間

04

重大抉擇須謹慎，同時掌握評斷的標準。

兵者，國之大事也；死生之地，存亡之道，不可不察也。

（計篇）

孫子說：**「軍事是決定國家命運的大事。戰場裁決軍隊的生死，出路攸關國家的存亡，做選擇時務必謹慎明察。」**這是《孫子兵法》原典第一章〈計篇〉的首段話。

很多人聽到戰爭，應該會最先想到「第二次世界大戰」，但第一次世界大戰在歷史上也不過是一百多年前的戰爭。

在這個核武能毀滅人類的時代，多數人都知道戰爭是「決定國家命運的大事」，但其實第一個清楚表明此概念的人是孫子。

「要事先謀劃思考生死之地和存亡之道，需應用五大基本事項，想更精準地策劃死生之地和存亡之道，則應具體計算敵我的優劣數據，並以此標準來調查雙方的真實情況。」孫子繼續說道。

戰爭中必須事先冷靜比較分析自己和對手的實際情況，以掌握成敗的走向。

為此，孫子提出「五事七計」的概念。只有在透過五大主要條件、七大具體指標得出成敗的結果，並且確定能贏的時候才可開戰。孫子認為**若沒有勝算，那在充分掌握有利條件之前，絕對不能戰鬥**。

我有在讀《孫子兵法》。
那是什麼？
兵法
一本講述「不戰而勝」觀念的書。
雖然基本上都是跟戰爭有關的事，但我覺得可以用在考試上。
兵法
上面寫著戰爭將左右國家的命運。
我覺得考試跟戰爭很像，考試也是命運的交叉口。
確實⋯就算不考試，命運還是會分岔。
自己心裡必須有一把尺。
大學入學
重考生活
就業

05 客觀檢討，不受主觀影響。

一曰道，二曰天，三曰地，四曰將，五曰法。（計篇）

孫子說：「五大基本事項，第一是道，第二是天，第三是地，第四是將，第五是法。」五大基本事項是指前一篇「五事七計」提到的「五事」。

第一項「道」指領導者每天為民所苦，人民信賴領導者，即使發生戰爭大事件，人民也能和領導者團結一心，共同作戰。

第二項「天」，表示四季更迭的自然條件。意指影響農作物收成的條件。

第三項「地」不只表示國土面積與豐收程度，亦指戰場的地理環境，比如可活用的兵力或使軍隊戰死的地形。

第四項「將」是指將軍的領軍能力，包括判斷力、膽勢、情報能力、嚴格程度，及對士兵的同情心（參考第56項）。

第五項「法」是軍隊指揮體系、賞罰制度等經營軍隊的各種規則。

戰爭總是帶來犧牲，獲勝也不代表人民幸福。面對戰爭要慎重而客觀檢討五項要素，**參雜主觀思維或偏見會看不清本質恐錯失國家大計**。面對重大抉擇，五大基本事項都能發揮訓誡作用。

話說你有想讀的大學嗎？
喔喔
因為不認真投入會很難持續用功。
想想從現在開始到大考當天有多少時間，比較偏差值的差距就能看出困難度。
大考日
現在
目標學校的偏差值
時間
接著思考該如何分配必讀科目的讀書時間。
英
國
理
社
數
你連這種事都先想好了!?
你倒是先講啊!!
哈哈哈
胡亂準備只會導致失敗喔。

06 致勝原因在於冷靜分析，而非狂熱心態。

未戰而廟算勝者，得算多也；
未戰而廟算不勝者，得算少也。
多算勝，少算敗。
（計篇）

孫子說：「還沒開戰前在廟堂謀策（廟算）並獲勝的原因在於，以五事七算的標準比較分析，得出勝算比敵方還高。勝算高於對手實戰也能獲勝；勝算低於對手，將在實戰中落敗。」所謂「廟算」是指開戰前在祭祀祖先的廟堂，比較自國與敵國的勝算，制定作戰計畫。五事是「道、天、地、將、法」（參照前篇），七計是「主、將、天地、法令、兵眾、士卒、賞罰」。

孫子認為戰爭決定國家命運，不可始於安逸，應當勝券在握，冷靜分析。**憑著毫無根據的自信、大膽狂言、運氣或意志力投入毫無勝算的戰鬥，有勇無謀的行為將帶來巨大不幸**。

有人曾說「冒險和探險不同」。相對於魯莽行事的冒險，探險為「意料中的事」做好萬全準備，當「意料之外的事」發生時也能冷靜應對。挑戰事物前，要證明自己「辦得到」並做好萬全準備，「應該能做到」、「一定會順利」這種沒來由的信心是很危險的。面對重要大事要保持探險精神，不輕易冒險。

好，那就來制定計畫吧。
好。
先去看看你有興趣的大學官網吧……
思考一下自己到底想不想讀……還有考試怎麼配分……
嗯……
……果然考前有好多該做的事！
現在是不是應該讀書比較好？愈來愈不安了！
冷靜點！
不先分析情況的話，之後反而會更緊張！
啊！
是喔……

07 深入研究敵我就能避開危機。

故兵知彼知己，百戰不殆；
不知彼而知己，一勝一負；
不知彼不知己，每戰必殆。
（謀攻篇）

孫子說：「在軍事中同時了解敵方和我方的真實情報，那對戰百回也不會陷入危險。只了解自己卻不了解對手，勝負參半。不了解對手也不了解自己，則每回對戰必有危機。」

不論體育賽事或商務場合，**情報收集與分析能力都是不可或缺的致勝條件**。第一步，應該先分析自己的情況，畢竟對手會刻意隱瞞實情，很難輕易取得完整情報。

不過，「了解自己」本來應該不算難事，實際上卻有很多人辦不到，因為人會「自以為了解」自己。

沒有掌握自己的優劣勢及優缺點，就會在對自己錯誤認知的情況下行動，導致失敗。人會無意中忽視自己的弱點或缺點，對自己不夠了解的人，對手恐怕比自己更了解自己。

人有多少優勢就能提高多少成效，為了增加更多優勢，了解自己的弱點十分重要，好好認識覺察自己才能補強弱點發揮長處。不高估也不低估自己和對手的實力，具備客觀冷靜態度才是贏家。

你看配分了嗎？
擅長科目的配分愈高愈有利。
反過來說，只要自己的弱點不影響成果就行了。
自己擅長的科目
配分高
不擅長的科目
配分低
我每一科都不擅長啊！
不，一定有比較擅長和不擅長的科目。
完全不懂和有一點懂，是不一樣的吧？
原來如此…
你也可以分析看看不擅長的原因喔。

08 不單以利或弊做決斷，隨時思考利弊兩面。

智者之慮，必雜於利害。
雜於利而務可信也，
雜於害而患可解也。

（九變篇）

孫子說：「智者思考一件事情時，一定會同時洞察利弊兩面。如果能在有益的事情上同時考慮不利的一面，就一定能達成事業目標。在不利的事情上同時思考有利的一面，可以消除憂慮。」

凡事一體兩面，有利弊也有善惡，人往往只看其中一面。

但是，只專注在其中一面會阻礙事情的發展，這時人會因為「出乎意料」的狀況而慌亂不已。**隨時考量事情的正反面並做好事前準備，就能迅速應對「預料之內」的事。**

孫子認為有辦法如此思考應對的人才是有智慧的人。關於智者深思熟慮的啟示，名將小早川隆景的故事是很好的例子。

豐臣秀吉出兵朝鮮時，石田三成在作戰會議中提出進軍漢城（今首爾）的計畫。隆景聽了便道：「你的提案似乎只想到打勝仗，要同時考慮打敗仗時的計畫才行。」三成認同該想法，於是重新構思計畫，在釜山到漢城間以固定距離修築「傳訊城」，戰敗時就能撤退至另一座城。

啊～今天也讀了好多書～
橫山光輝的《三國志》好有趣～我看到第二十集啦～
你該不會沒讀不擅長的科目吧？
對啊…因為有點沒幹勁嘛。
啊哈哈
可是如果沒出現三國志的題型不就糟了？
…應該說幾乎不會出現。
啊，確實是這樣…
只做開心的事，
太大意了!!
就得面對在考場戰敗的現實……!

09 不誇耀成果，考慮整體損益。

故不盡知用兵之害者，
則不能盡知用兵之利也。
（作戰篇）

孫子說：「沒有澈底了解用兵害處的人，不可能完全了解用兵的益處。」如果想光明正大戰鬥的人從正面攻擊，將帶來極大的損失。又或者，認為攻城是唯一辦法而決定執行攻城戰，但花費大量時間會導致兵力和物資耗損。即便打了勝仗，還是失去了很多。

孫子認為，領軍作戰者必須充分了解「用兵的害處」，否則將無法理解「用兵的益處」。舉個簡單的例子，假設有個人賭贏十萬元而相當自滿。但是，如果他為了賭贏而下注十一萬元，實際上是損失一萬元。

賭徒總是在不知不覺間花掉賭金，只記得贏了十萬元的事實，為了再做一次發財夢而愈陷愈深。

在這世上，有些人只顧著關注戰果，卻不會留意花掉的經費或遭受的損失。

孫子認為，忘記損失而只看戰果的將領不適合實戰，嚴正指出此行為在上戰場之前已危及國家安全。

鉛筆和橡皮擦以外的東西都收起來～開始發試卷～
測驗
哇ー
完了
哇ー
哇ー
這傢伙竟然在考試時打瞌睡⋯⋯！
昏昏欲睡
考試結束後
喂！你看起來好睏啊！
昏昏欲睡
喔⋯⋯因為連續好幾天熬夜看書⋯
不行啦！怎麼能在正式考試前就累垮了！
昏昏欲睡
啊！是喔！

10

謹記對手也在成長，並不斷磨練實力。

故用兵之法，
無恃其不來，
恃吾有以待之。

（九變篇）

孫子說：「用兵的原則是不抱持敵人不會來的僥倖心態，應做好敵人隨時出現都能應對的準備。」

如果敵人或對手能在我方行動時什麼都不做，那當然最好。但現實中不可能有這種好事，對手也會進步並累積實力。

打仗時太高估自己，會因為驕傲自大而打輸，太低估自己則被恐懼吞沒而失敗。我們**必須正確評估自己的實力**，不以對手的標準來看待自己是很重要的事。

對手隨時都在改變，沒辦法作為評判標準。以自己為準才能正確累積實力。

孫子多次強調，戰爭最大的敵人不在於敵軍兵力，而在於自己的態度。我們往往會在自己準備不足時認為「敵人不會來」。

但是，人本來就不該靠對手的疏忽或怠慢，應該保持努力不懈，走在對手的前面，只要做好萬全準備來迎戰，就不必在意對方如何出現。

奇異公司（GE）的傳奇經營家傑克・威爾許說過：「競爭對手不可能在我們開發新產品的期間坐以待斃。」

明明認真讀書了，偏差值卻還是沒什麼提高啊。
這也是理所當然的。
畢竟其他人也都在努力用功。
真的嗎!?
真的是這樣耶！
沒錯 沒錯
15分～秒
但重要的不是別人，而是自己的實力。
GOAL

11 毫無遠見的行動將大受打擊。

合於利而動，
不合於利而止。
（九地篇）

有關世上擅長戰術的人，孫子說道：**「當敵方戰情對我方有利就開戰，不利則停止對戰。」**雖然個人去留進退較難判斷，但戰爭中的進退時機卻顯而易見。比起正面對決，孫子更注重「詭道」和「奇謀」，並運用以下重點確保我軍有利：

- 趁敵人準備不足時發動攻擊
- 擾亂敵軍內部，分裂部隊
- 鎖定敵方戰力薄弱的地方
- 利用我軍的強部隊攻擊敵軍弱勢部隊

另一方面，當敵軍做好萬全準備，會因雙方兵力差距不大而難保勝利。即使打贏損失依然慘重。遇到這種情況應該撤退。「知道」情況不利而出戰是愚蠢的，「不知」情況不利而進攻只會打敗仗。高喊「靠決心猛攻」的作法不過是負面的精神論。

為贏得勝利應客觀看清利弊條件，情況不利時必須拿出不戰的決心。不論是自軍與敵軍，還是自國與敵國，孫子的兵法都很重視「保全」思想。撤退並不丟臉的事，也不代表失敗。

最近的模擬考成績真糟糕……
唉！
E判定
就算更改志願學校也不會有人笑你的。
既然是一場魯莽的戰鬥，那避開也行吧。
好吧！
目標鎖定第二志願，最後衝刺！
考試當天
我一定會通過！

第二章

「資訊戰」

——掌握情報者得勝

12 沒有洞察力，再多情報也沒用。

故三軍之事……非微妙不能得間之實。（用間篇）

孫子說：「若君王或將領不具備覺察細微變化的洞察力，就無法從間諜提供的情報中看出真相。」

影響戰爭結果的不是武力或兵力，而是戰略和戰術。情報將決定戰略和戰術。也就是說，戰爭即是資訊戰。

因此，間諜是十分重要的存在。間諜給人的印象較黑暗，但其實是達成「不戰而勝」理想的關鍵。孫子提到所有戰爭都有間諜，領導人應與間諜保持親密而低調的接觸，並且給予最豐厚的獎賞。如此一來，間諜就會忠誠地執行任務。

不過，即使忠誠的間諜變多了，**如果領導人沒有洞察力，情報就無法發揮作用**。

現代人必須在資訊爆炸的時代擁有辨識真偽的能力，而孫子的時代也是一樣的。大量收集情報的同時，其中肯定混雜著真假消息，毫無根據的情報中一定包括敵方散播的假消息。不過，微不足道的情報也有可能具備極大的價值。增加情報來源固然重要，但領導人是否擁有辨別真偽的洞察力，在戰爭中更是關鍵。

他是孫子高中棒球隊的經理。
打得好！
很好!!!
喂喂！給我打出去！
靠這個教練感覺根本贏不了…
該怎麼做才能贏呢…
孫子說「戰爭是資訊戰」…
兵法
嗯
先看看選手的數據，試著找出線索吧。

13 深入刺探敵情是攻破敵方的捷徑。

凡軍之所欲擊，城之所欲攻，人之所欲殺；必先知其守將，左右，謁者，門者，舍人之姓名，令吾間必索知之。

（用間篇）

孫子說：「攻打敵方軍隊，攻陷敵方城池，暗殺重要人物時，都必須事先了解負責指揮軍隊、守衛城堡、保護重要人物的將領、左右親信、傳訊者、門衛和門客的姓名，並且查出他們的經歷、習性、個人遭遇等情報。」

突然發動攻擊或暗殺行動很容易失敗而損失慘重，一定要避免。**先收集情報再開戰**的觀念，是從孫子時代至今不變的鐵則。

國家、軍隊、公司、組織都是由人組成的團體。不管是為錢背叛、痛恨親屬而當間諜、靠關係拉攏他人，只要知道內情就能花最小的力氣達成目的。

某位經營家習慣記下認識的人的情報。此外會留意不認識的工作關係人，將相關新聞報導或謠言記下來。與曾經見過的人再次見面時，或是第一次見到關係人時，只要記住筆記內容就能馬上拉近距離。等到彼此更親近就能累積更多情報，談判或提出請求時，可藉壓倒性的優勢朝有利的方向發展。

收集情報並仔細彙整資料，是經營家的成功實踐法之一。

明天開始就是縣賽，雖然對手很強……
但氣勢不能輸！
是!!
教練，明天要怎麼打？
不需要戰術！直直往前衝就對了！
其實我調查了對手的資料。
A高中完整數據
嗶
應該注意這兩位選手……
好詳細……
嗯嗯
嗯嗯
嗶
喔－

14 為取得即時情報而不擇手段。

故用間有五：有鄉間、有內間、有反間、有死間、有生間。

（用間篇）

孫子說：「**間諜有五種用法。①因間**，利用敵國平民作為間諜。**②內間**，收買敵國的傳訊者以收集情報。**③反間**，讓敵國派來的間諜倒戈。**④死間**，抱著赴死的覺悟潛入敵國，執行散播假消息等擾亂式任務。**⑤生間**，多次潛入敵國並帶回情報。」

一般認為，《孫子兵法》的成書年代約在西元前五〇〇年至西元前四〇〇年，是距今二千五百年的古書。然而，間諜從古至今的重要性不曾改變。

一提到情報，現代人往往認為網路能收集到大量資訊。但其實，大部分的網路資訊頂多是一般消息，至於足以活用於攸關生死的戰爭情報，恐怕很難取得。

網路資訊頂多只是①因間的情報等級，也就是從內部泄露的情報，已算是稀有的情報，要在網路上取得②內間程度的機密情報肯定更困難。更不用說③反間的雙重間諜、④死間的混淆任務等方式都必須採用真人。

孫子提出五種間諜類型的原因在於，**收集情報的方法有很多種，只要搭配使用就能獲取即時情報**。

到了！
好！
聽說三壘手還不熟悉怎麼防守三壘…
筆記
筆記
嗯嗯，原來如此。
話說哪有人會叫兒時玩伴當間諜啊～
抱歉抱歉，之後再請你吃飯。
但搞不好你們隊上也有人在竊取情報喔。
嗯。我有在注意。

15 求神問卜無法提升運氣，占卜無法獲取情報。

先知者，不可取於鬼神，不可象於事，不可驗於度，必取於人知者。

（用間篇）

孫子說：「事前情報不可問鬼神，不可窺視天界事象，也不可從天道理法得知。人不該借助神祕方法，必須運用人的智慧來獲取情報。」

正如「勝敗乃兵家常事」、「武運」的意義，勝負結果和時運有關，所以人才會想要去仰賴可疑的占卜或民間信仰。

但孫子是推崇「不戰而勝」的現實主義者，禁止使用神祕方法。

平時的努力和事前的準備可以吸引運氣，但靠占卜或祈禱沒辦法吸引運氣。情報也必須靠人的力量取得，**把神諭當作情報是很危險的行為**。

日本戰國時代的習慣是比起客觀的情報，更重視占卜預言。

但越前的朝倉義景卻不一樣，面對主張在良辰吉日的方位上戰場的家臣，他說道：「被這種事限制就會錯失勝利的機會，即使是好兆頭的吉日，在刮大風時出船，獨自面對一大群敵人，那肯定會輸的。」義景是講求天時地利，理性思考的人。

希望比賽能贏…
希望能打贏…
有認真許願就沒問題！
而且詩籤還抽到大吉！
大吉
以防萬一再祈願一次吧！
一起確認比賽數據吧！

16 細微預兆也要迅速應對。

眾樹動者，來也。
眾草多障者，疑也。
鳥起者，伏也。
獸駭者，覆也。
（行軍篇）

孫子說：「許多樹木搖動，敵軍正在森林裡移動進軍。四處都有草叢覆蓋，敵方企圖以伏兵阻擋我軍行動。群鳥自草叢飛起，代表伏兵遍布。野獸驚動逃竄，表示潛伏在森林中的敵軍發動突襲。」

孫子不只在乎戰前充分調查的「事前情報」，也很注重開戰後的「事後情報」。**從細微預兆覺察對手行動或情況的人才能獲勝**。

孫子說任何微小變化都要敏銳覺察，並且迅速應對，比如對手的挑釁方式、沙塵的狀態、敵方使者的語氣等。雖然每個人都能因應巨大變化，但微小的變化卻容易被忽略，細微的變化才是影響成敗的情報。

製作人秋元康曾經分享，走在流行尖端的關鍵，並不是細心整理隨時可得的資訊，而是留意別人不會發現的資訊，或是大家不認為是情報的消息。

搜尋得到的資訊不算「情報」，而是「知識」。靈感發想來源不在於「知識」的取得，而在於察覺「微小預兆」的能力。

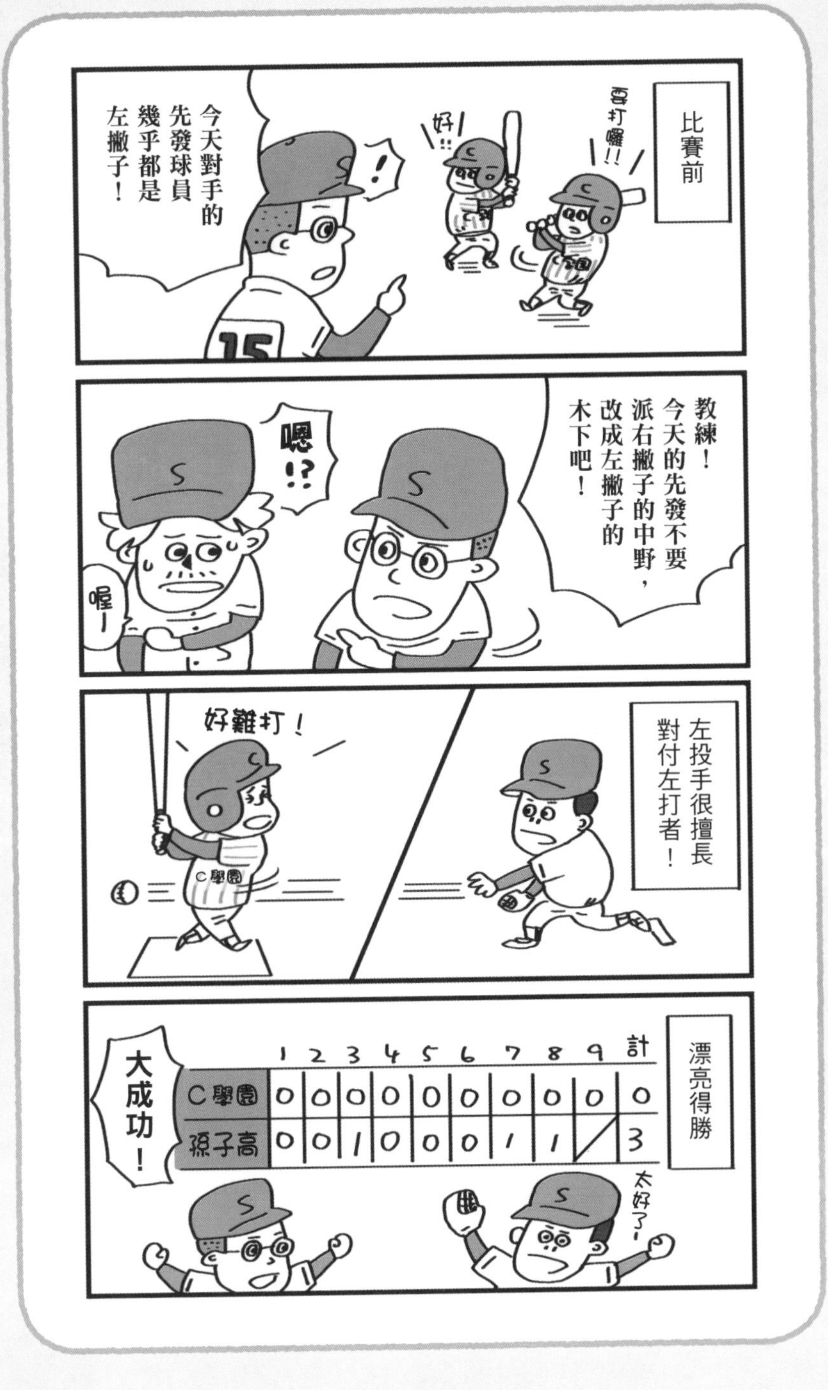
比賽前
要打囉!!
好!!
！
今天對手的先發球員幾乎都是左撇子！
教練！今天的先發不要派右撇子的中野，改成左撇子的木下吧！
嗯!?
喔—
左投手很擅長對付左打者！
好難打！
C學園
漂亮得勝
1 2 3 4 5 6 7 8 9 計
C學園 0 0 0 0 0 0 0 0 0 0
孫子高 0 0 1 0 0 0 1 1 3
太好了—
大成功！

17 不願花錢費事以獲取情報的人將損失慘重。

而愛爵祿百金，不知敵之情者，不仁之至也。

（用間篇）

孫子說：「如果不肯以爵位、俸祿或金錢雇用間諜，不願為決戰的勝利而探查敵情，人民長久的辛勞將付諸流水，這是最不憐憫人民的不仁行為。」

孫子嚴厲指出，這種人不配擔任統率人民的將領，也不是君王的輔佐，更不是勝利的主宰。

在孫子的時代，要獲取情報是件苦差事。當時普遍認為與其走上情報收集的險惡之路，不如上戰場拚鬥。

但孫子看清了情報才是成敗的關鍵。他知道不戰而勝的關鍵在於善用間諜並收集情報，領導者更要仔細分析。

書中已多次強調，戰爭是國家大事。準備打仗必須消耗大筆經費和眾多士兵。再加上，即使犧牲了這麼多，只要失敗一次就會讓一切化為泡影，使國家陷入終結的險境。正因如此，孫子才會強調應該**不惜成本全力收集情報**。

現代人可在網路上輕易取得資訊，但要獲取真正的情報仍必須投入金錢和人力。

喂！隊費支出的這個文具費，能不能控制在幾百元就好？
!?
不行，筆記本是必需品！
A高中分析
C學園分析
B高中分析
守備分析⑤
練習菜單①
這麼多本啊!?
為了獲勝，筆記本也是必要的支出，所以不能小氣。
喔～

18 探查第三方的內情並澈底利用。

不知諸侯之謀者，不能預交。

（九地篇）

孫子說：「看不出諸侯的戰略意圖，就不要事先深交。」

在情報收集中「知己知彼」是不可獲缺的能力，情報收集範圍不限於敵我兩方。我方必須知道所有利益關係人的情報，例如周圍的其他關係諸侯國。

戰爭並不是兩個當事國能解決的問題。受到波及的其他國家一定也有關聯。假設本國與A國的對戰中，A國戰敗將為B國和C國帶來好處，B、C兩國可能會向本國提議「結盟」。相反地，假設A國戰敗會造成不利，B國可能從中阻撓。又或者，C國會見縫插針，企圖坐收漁翁之利。

關係國的權益和意圖實際上更錯綜複雜，**必須查出利害關係背後的內情**，否則無法放心與他國結盟，因為對方可能根據戰況選擇背叛我方。

在現代的商業談判中，當一對一的談判有機會順利進行，常因第三方阻撓而破局，或好處被第三方佔走，是情報收集能力或情報敏銳度不足所造成。全力調查對手的相關情報並極致利用，是勝利的必要手段。

5 2 1 3 4 1 3 0
孫子高中
A高中
B高中
C高中
Q高中
嗯…下次的對手是優勝候補校Q高中…
R高中在準決賽輸給Q高中，問看看他們吧…
告訴我Q高中的情報吧！
好啊。幫我們報一箭之仇。
嗯嗯
嗯嗯
喵ー

19 只強調有利的一面，是情報操控的第一步。

是故屈諸侯者以害，役諸侯者以業，趨諸侯者以利。（九變篇）

孫子說：「要讓諸侯屈服我方的意圖，則不斷強調害處；要利用諸侯，則提出足以讓對方不計代價的誘因；要讓諸侯四處奔命，則隱藏不利的一面，只呈現有利的一面。」

要在戰爭中獲勝，必須促使關係國行動迎合本國的利益。別在意對手是一個「國家」，只要像對待一個「人」那樣對待對手即可。關鍵在於利弊得失，人總是追求利益，試圖降低損失，應該看準個人和國家共有的本性。

假設某個關係國正打算執行對本國不利的事務，那就不斷強調損失將非常慘重，使對方放棄計畫。如果關係國是強大的阻礙，則誘使對方投入麻煩的事業，比如告訴對方這麼做可以獲得「極大利益」，但「只有貴國」才辦得到，還能只強調好處，讓對方忙碌奔波，最終造成損失。

操控心理能運用於個人間關係，**面對強調事情利益面或盡說壞話的人，最好抱持懷疑**。凡事都有利弊兩面，只強調好處可能在背後隱藏「以自身利益為先」的企圖。

今天投手的擅長直球。
我們可以反過來利用這一點。
我才是教練啊……
喔喔
投手球速很快！不要勉強！
哇—
哇—
看招！我要用直球維持0分！
嗶！
匡鏘!!
作戰成功！優先得分！

20 鎖定對手的慾望。

能使敵人自至者，利之也；
能使敵不得至者，害之也。
（虛實篇）

孫子說：「能使敵軍主動來到我方希望他們前來的地點，是藉由利益誘導敵人。能阻止敵軍抵達我方不想讓他們前來的地點，是展示不利因素使敵人放棄進攻。」

孫子是兵法家，他不僅談論戰略、戰術和戰法，也深入洞察戰鬥中的人。

戰爭是由人類挑起的事，深刻反映出人類的觀點、思考方式和行動模式。換句話說，了解人類就是了解戰爭，對人有愈深入的了解，戰事愈能導向有利局面。

戰鬥的本質是欺騙，這是孫子的哲學思想，而其中一種有效的方法是前篇提到的利弊得失，也就是說可以用利益來操控敵人。

人對利益沒有抵抗力，行動受利弊得失左右。要操縱敵人，如何展示利益是關鍵。利益的形式有很多種，為讓對手採取行動，給予渴望事物是最好的方法。有人渴望金錢，有人渴望名譽，有人渴望土地，有人渴望異性。孫子的戰略正是利用這些好處以達到不戰而勝的目的，以利益引誘他人，本質上跟釣魚是同樣的道理。

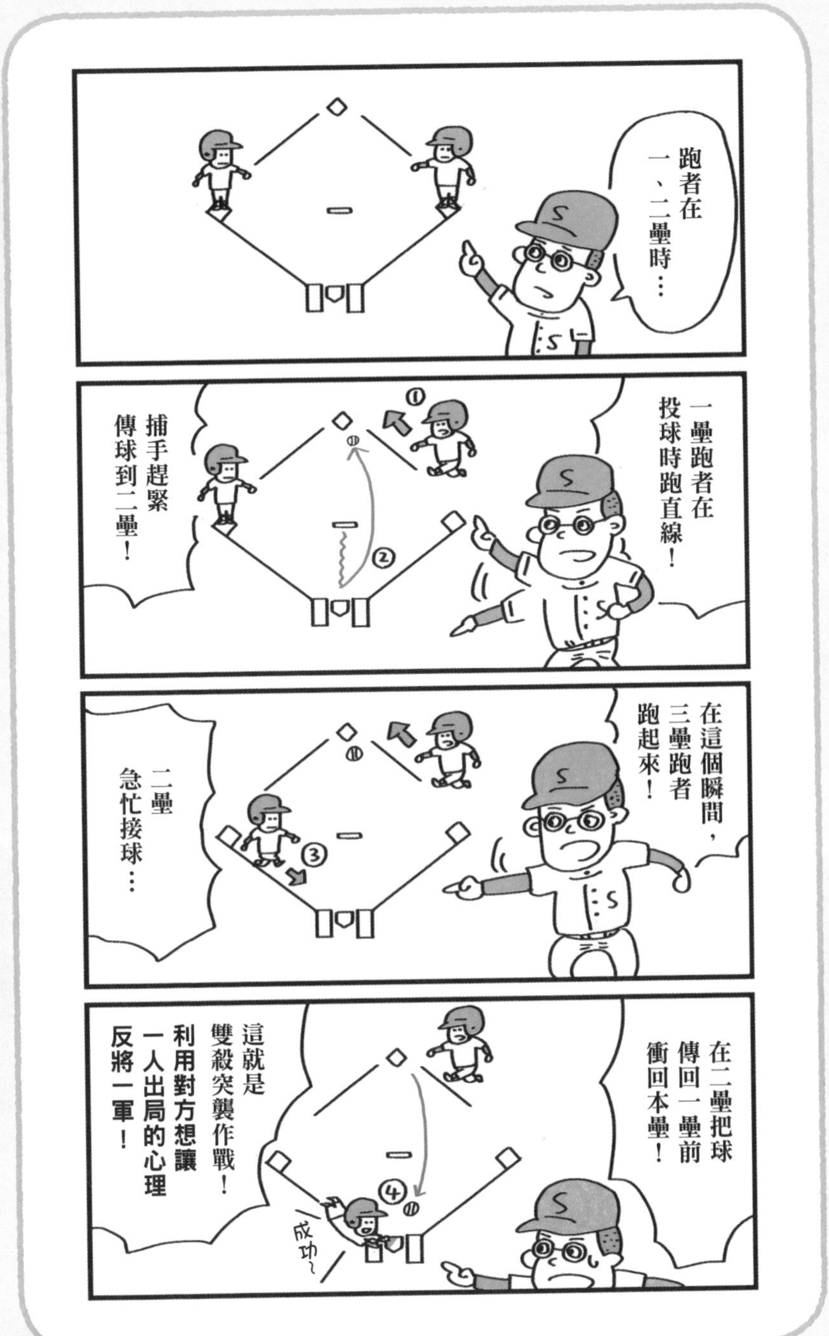
跑者在一、二壘時…
一壘跑者在投球時跑直線！
捕手趕緊傳球到二壘！
在這個瞬間，三壘跑者跑起來！
二壘急忙接球…
在二壘把球傳回一壘前衝回本壘！
這就是雙殺突襲作戰！
利用對方想讓一人出局的心理反將一軍！
成功~

21 不透露太多情報才能巧妙操控他人。

將軍之事，靜以幽，正以治。能愚士卒之耳目，使無知；易其事，革其謀，使民無識。

（九地篇）

孫子說：「將軍在工作行事上，不論身在何處表面都要保持平靜且深藏不露，不被任何人參透內心，凡事不感情用事，公正處理事務，才能將軍隊管理地有條不紊。巧妙蒙蔽士兵的認知，使其不得逃脫。積極變更我軍的行動目標，不斷更改作戰計畫，使士兵無法識破將軍的真正意圖。」

孫子認為情報的重要性有別，沒必要讓所有人得知一切情報。將情報交給無法做出正確判斷的人只會引起混亂。因此要根據地位或能力來調整情報的提供方式。

另一方面，現代人往往認為公開情報比較好。因為情報公開後，眾人才能以情報為基礎提出各式意見。雖然這也有幾分道理，但透露太多情報會造成混亂也是事實。

活躍於大聯盟的投手達比修有曾經分享，對情報或建議有所取捨是很重要的能力，囫圇吞棗反而會失去自己的優勢。

雖然隱藏情報或無知都很可怕，但**過多的情報也會造成混亂**。無論是提供或接收情報的人，都必須具備取捨選擇情報的能力。

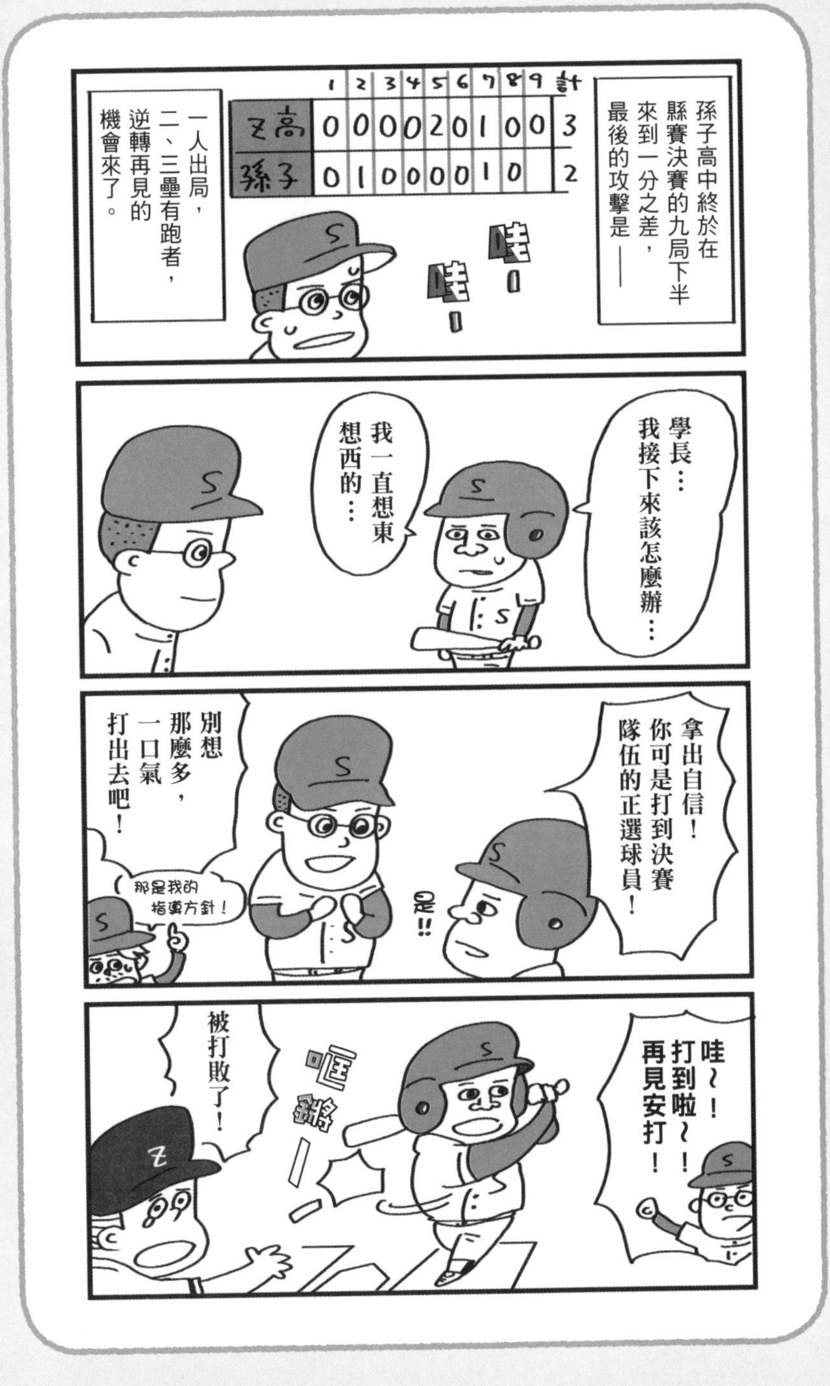
孫子高中終於在縣賽決賽的九局下半來到一分之差，最後的攻擊是——
1 2 3 4 5 6 7 8 9 計
Z高 0 0 0 0 2 0 1 0 0 3
孫子 0 1 0 0 0 0 1 0 2
哇！
哇！
一人出局，二、三壘有跑者，逆轉再見的機會來了。
學長…我接下來該怎麼辦…
我一直想東想西的…
拿出自信！你可是打到決賽隊伍的正選球員！
是!!
別想那麼多，一口氣打出去吧！
那是我的指導方針！
哇～！打到啦～！再見安打！
哐鏘—
被打敗了！

第三章

「基本戰略」

——不戰而勝才是真正的勝利

22 防守才是最佳攻擊。

昔善者，先為不可勝，以待敵之可勝；不可勝在己，可勝在敵。

（形篇）

孫子說：「古代善戰的人，會先製造出即使敵軍攻擊我軍也贏不了的局勢，打擊敵方的情勢，並等待我方進攻取勝的情勢來臨。敵軍絕對贏不了的局勢，由我方主導，但我軍是否能戰勝敵軍，則取決於敵方。」進攻和防守都是致勝的必要條件，但孫子認為應該防守為先。既然有句格言是「攻擊是最好的防禦」，那孫子為什麼會這麼想？原因在於防守這件事，我們可以靠自己的智慧和努力決定該加強到什麼地步。但是，進攻卻會受到對方的行動影響。所以無論如何，結果還是取決於對方。

所以，孫子認為為了保證勝利，與其選擇受對手左右的進攻手段，**可自行決定如何強化的防守策略更好**。

只要製造出被攻擊也不會輕易倒下的情勢，就能等待對手暴露弱點並拿下勝利。

俗話說：「我們改變不了明天和別人，但可以改變今天和自己。」即使希望對方按照自己的期望行事，事情也不一定能如願以償。先做好所有自己能做的事，如此一來就能從容地決一勝負。

他是孫子高中的回家社學生。
兵法
他在偶然之間被謠傳為「最強回家社社員」…覬覦最強名號的武力派不良少年因此盯上他——
嗨！又見面啦！
等你好久了
渾身都是不良少年的氣息!!
又是這傢伙！
兵法
我要揍扁你，成為最強的回家社社員！
看招——!!
啊
什麼!!
那是怎樣
迅速俐落
先做好防守！

23 逃避是很重要的戰略。

十則圍之，五則攻之，倍則分之，敵則能戰之，少則能守之，不若則能避之。

（謀攻篇）

針對用兵的原則，孫子說：**「我軍兵力多十倍則包圍敵軍，多五倍則正面進攻敵軍，多兩倍則分散敵軍，勢均力敵則與敵人拚鬥，兵力更少則巧妙退離敵人的攻擊範圍，兵力完全不及敵軍則迴避並潛伏他處。」**因此兵力不足卻堅持作戰的人，最終將被大批部隊擒獲，這是他下的結論。

孫子兵法的核心思想始終含有「不戰而勝」的哲學道理。所以他在談論如何以小敵大的同時，也強調對勝利沒有十足把握時，不可輕易作戰。

即使打勝仗國力還是會衰退，萬一打輸，國家甚至面臨滅亡的危機。不可忽視兵力或國力差距而堅持作戰，**「不戰」、「逃跑」、「迴避」都是至關重要的決策**。看清對手與自己的實力差距，情況有利則善用優勢戰鬥，情況不利則逃走。孫子主張不可魯莽應戰而遭俘虜，也不可為名譽忠節而戰。

現代的企業也一樣，情況不利時太晚回收事業將損失慘重，完全是沒有善用戰略的寫照。雖然有人認為逃跑很可恥，但其實也是很重要的戰略之一。

混…混蛋！把盾牌拿開！
太卑鄙了!!
喂～谷口，怎麼啦？
喔～是你們啊。這傢伙就是傳說中的最強回家社員。幫我打倒他吧！
好！
嘻嘻嘻嘻
來吧來吧～
啊!!
快逃！

24 手法拙劣也要速戰速決。絕對不打長期戰。

故兵聞拙速，未睹巧之久也；夫兵久而國利者，未之有也。

（作戰篇）

孫子說：「在戰爭中，雖見過作法稍嫌拙劣但速戰速決的戰例，卻沒聽過策略完美的長期戰。從沒遇過因戰爭曠日費時而為國家帶來好處的情況。」

戰爭不論輸贏都會對國家經濟帶來沉重打擊。時間拖愈久愈消耗國力，如果原本中立的國家趁機攪和，甚至會被逼更緊。一旦演變至此，再賢明的人都沒辦法處理善後。

因此，孫子認為**即使得不到百分之百的成果也要迅速結束戰爭**。最理想的情況是「不引發戰爭」，即便開戰也要「速戰速決」，這是孫子一直在主張的事。

舉例來說，一九〇四年日俄戰爭開戰前，伊藤博文指派與羅斯福總統深交的金子堅太郎前往美國，請羅斯福總統居中協調日俄談和。伊藤博文很清楚日本無法負荷長期戰，儘早結束才是生存之道。

打敗仗又錯失撤退或收兵的時機，將面臨慘痛的代價。從古至今，撤退一直都是比挑戰更困難的事。提前看清結束的界線是勝負的關鍵指標。

喂——!!
哈啊
要被追上了！
哈啊
三對一！
哈啊
只能速戰速決了！
哈啊
轉身
看招！
!?
哇啊——
水球攻擊!!

25 在勝負的世界，能騙過對手的人是智者。

兵者，詭道也。

（計篇）

孫子說：「戰爭是一種欺敵行為。」這句話在《孫子兵法》中特別著名。他接著說道：「因此，即使作戰行動真的可行，也要讓敵人誤以為我軍無法執行；即使真的能發揮效果，也要讓敵人以為我軍無法有效運用。正在慢慢接近目的地，也要讓敵人以為我軍還離得很遠。實際上離目的地很遠，也要讓敵人以為我軍很靠近。」

不戰而勝是孫子的理想戰法，即使不得不戰鬥，也要盡可能降低我軍的損傷，在保留對手經濟實力的前提下取勝。

正面衝突無法避免雙方慘重的損失，不是理想的戰法。

因此，**孫子很重視「詭道」，也就是欺騙對手、暗中攻擊的作法**。

認為這種作法很「卑鄙」的人是錯誤的理想主義者。與其正面衝突導致血流成河，失去大量資產，不如欺瞞對方、抓住弱點或讓對方鬆懈，以達到快速結束戰爭的目的。「謊言」在重要時刻也是一種方便的工具。

全身溼透了！
被擺了一道！
迅速
來！毛巾！
敏捷
得救了～！
快點擦乾～！
擦拭
擦拭
擦拭
等等！
這是抹布啊！

26 奇策須配合正面攻擊才能發揮效果。

凡戰者，以正合，以奇勝。（勢篇）

孫子說：「戰鬥應以正法抗敵，以奇法取勝。」在戰鬥中，首先要正面進攻與敵人對峙，再運用奇策決一勝負。

說起奇策，總會想到《三國演義》蜀國軍師諸葛孔明那種魔法般的戰術，但孫子指的「奇」並不是這個意思，指面對敵人，要安排更有利的佈局作戰。比如讓充分休息的部隊，對付剛打完仗而疲憊不堪的敵方部隊。又或者，派戰車部隊對付步兵部隊，三千人對一千人的戰法也是一種「奇」策。

不過，一開始就使出妙計的效果不會太好。剛開始應該安排實力相當的部隊（正），接著突然將隱藏部隊送到前線（奇）才能獲勝。

因為對手的行動、戰況或地形等條件而有所不同。根據對手的動作、戰況、地形等各種因素，可以制定很多種「奇」策。此外，一旦對手適應了我方的「奇」招，出奇不意的效果就會減弱，轉為「正」面對決，這時必須再次使用其他「奇策」。

孫子認為**正奇的組合有無限多種，只要靈活運用就能確保勝利**。

那個混蛋！
站住～！
再丟一次水球！
又是水球！
才不會再中招咧！
唰—
……其實是普通的球！

27 戰鬥並不光彩，必須欺騙敵人。

故兵以詐立，以利動，以分合變者也。

（軍爭篇）

孫子說：「在軍事行動中，應以欺敵為基本策略，只追隨利益而行動，以分散集中戰法臨機應變。」

戰爭並不光彩，雙方基本上會毫無原則地互相欺瞞，因此「敗者美學」是很愚蠢的觀念。應該在背後留一手，將對手引導至有利我方的局面，掌握對手的弱點，趁對手疲憊時在意想不到的地方進攻。

必須具備隨機應變的能力和敏捷的行動力，在敵方以為我方打算分散游擊時，迅速集結並一口氣發動攻擊，才會獲勝。

權力愈高的人愈能毫不猶豫地欺騙他人，戰場上也一樣，欺敵是確保勝利的關鍵。如今不再稀奇的數位串流音樂，是由蘋果公司創辦人史蒂夫・賈伯斯開始的服務。當時賈伯斯向大型唱片公司提案，對方以「侵犯著作權」為由拒絕，賈伯斯這樣回覆：「Mac電腦（蘋果公司的電腦）市占率只有五%。答應這項提案對你們也沒什麼影響。」對方因此掉以輕心並同意提案。隨後，他迅速將客群擴大到Windows用戶，為音樂市場帶來巨大變化，成為商業中的勝利者。

可惡！
別跑～！
什麼!?
這裡是……！
？
！
他在我家前面！
不爽
生氣
小達你回來啦！
朋友嗎？
喀嚓
唔!!
嗯……

28

對手也會進步。今日勝者將成為明日敗者。

形兵之極，至於無形。……故其戰勝不復，而應形於無窮。（虛實篇）

孫**子說：「展現軍隊情勢的極致手段是追求無形。……不重複使用已取勝的策略，隨時根據敵人情況採取多種應對法。」**

只要能做到無形，間諜就無法竊取情報，對手也無法得知情勢。即使在分出勝負後被敵方得知「實際策略」，他們也不會知道我們做過哪些事前準備。這就是能夠無限應對的原因。孫子認為，**被形束縛或執著於形是不智的**。一直採取同樣的勝利模式，敵人也會想出應對辦法，很快就會失去效果。

武田信玄的武將山縣昌景能在任何戰爭中打勝仗，是著名勇士。據說有人問起他勝利的秘密，他回答：「我總是像第一次上戰場那樣打仗。」將士常會因為打過勝仗而認為可以「靠同樣的方式」再次獲勝，很容易輕敵。但在實際戰鬥中敵人的狀況也會改變，不會發生和以往相同的情況，如果照之前策略將導致失敗。昌景總是告訴將士，保持初次上戰場的緊張感才是勝利的真諦。

有時候，「習慣」和「自負」是很可怕的，隨時留意事物的「變化」才能走向真正的不敗之路。

今天就饒你一命！
拜
轉身
呼—
總算得救了……
但這招只有今天有用……
下次得想想其他辦法……

29

依計畫行事不如臨機應變。

利而誘之，亂而取之，實而備之，強而避之，怒而撓之。

（計篇）

孫子說：「敵人期望得到利益時，以利益引誘敵軍出現；敵人陷入混亂時，趁機進攻以奪取敵軍戰力；敵人戰力充足時須加強防禦，敵人戰力強大時則避免接觸，敵人憤怒時刻意挑釁以擾亂敵軍態勢。」

孫子接著說：「這才是兵法家的取勝方法，根據敵情隨時調整策略，臨機應變才能獲勝，因此不能在出征前預告取勝策略。」

戰爭就是要澈底不斷地發動奇策。當然作戰前還是要制定嚴謹的計畫，但畢竟我們無法完全預測對方的行動，因此在奇襲策略上也要有所調整。

要取得勝利不需要嚴守計畫。花時間謹慎規劃，預測考量各種可能，對事前準備愈有信心，愈有可能因過度堅持原計畫而無法隨機應變，甚至導致失敗。

支持Google成長的執行長艾瑞克・史密特說過：「成功的關鍵不在於計畫，而在於當機會來臨時是否能好好利用。」

真不爽～
咕
震動
那個混蛋傳了短訊！
他去哪查到我的號碼？
這不是我全身溼掉的照片嗎！
居然拍照！！

30 鬥智取勝是最佳策略，戰鬥取勝是最後手段。

百戰百勝，非善之善者也。（謀攻篇）

孫子說：「在百場戰鬥中百場獲勝並非最好的計策。」

說起勝利，多數人都會聯想到軍事上的勇猛戰法，但孫子不認為靠戰鬥取勝是最好的方法。不如說，戰鬥應該是最後手段。

「最好的用兵方法是提前破壞敵人的計謀，接著切割敵國與友好國的同盟關係，並且破壞敵人的戰車，最拙劣的計策是攻打敵人的城池。」〈謀攻篇〉

孫子當然並不是要我們「打輸」，而是運用更好的策略來取勝。這就是政治上的鬥智與外交談判。**在不流一滴血，雙方毫無損失的前提下取勝，才是戰鬥的精髓**。

在政治外交上無論如何都談不出結果時，就會演變成戰爭。這種情況下，最費盡的猛烈攻城戰是最終手段。應該儘量避免此策略。

達成一個目的的方法有很多種，不要自以為「只能這樣做」，而應該隨時思考各種方案，冷靜比較並檢討後得出的「最佳策略」才能達到目的。為此，我們必須考慮清楚，達成後想得到什麼樣的結果。

隔天
可惡！那傢伙真讓人火大…
真想痛扁他一頓～
啊！他在學校前面堵人！
抱歉！我們別再打無謂的架了！
握手言和，別再打了吧。
沒想到你會低頭…
我輸了！先停戰吧！
握手

31 目標在於勝利，而非摧毀對手。

凡用兵之法，全國為上，破國次之。

（謀攻篇）

孫子說：關於軍事的運用原則，在保全敵國的前提下獲勝是最佳策略，摧毀敵國以取勝是次階手段。」

孫子不建議採取澈底毀滅對手的殲滅戰。因為在孫子的時代，戰爭範圍已擴大至動員數萬兵力的長期戰。

長期戰會導致戰敗國面臨滅亡的危機，戰勝國則會失去大量人力與物資。即使將戰敗國的領土納入本國版圖，土地也因為戰爭的破壞而荒廢，人力不足導致農作物欠收。這樣不僅沒有好處，還得花上比打仗更多的金錢和勞力來復興國家，這樣打勝仗又有什麼意義？孫子提出質疑。

西元前二一六年第二次布匿戰爭，漢尼拔率領迦太基軍隊在義大利半島東南部展開「坎尼會戰」，他們包圍並殲滅了擁有雙倍兵力的羅馬大軍。雖然這場出色的戰役在戰史上留名，後來甚至被拿破崙用作參考，但漢尼拔最後幾乎什麼都沒得到。目的難道不是為了得到敵國完整的土地、經濟和文化嗎？**在盡力保留本國和敵國資源的狀態下取勝才是理想作法**，獲利愈少的勝利愈令人空虛。

這種沒志氣的和解我才不承認！最強回家社員是我！
抓住!!
啊!!
嘿呀!!
手臂……要斷了……！
開玩笑的。這樣戰鬥就結束了！
突然停下…！
啊!!

32

不只要勝利，還要追求零損失的勝利之路。

故善用兵者，屈人之兵而非戰也……破人之國而非久也，必以全爭於天下。

（謀攻篇）

孫子說：「能夠靈活用兵的人絕不靠戰鬥使敵軍屈服……絕不以長期戰擊敗敵國。必須在保障敵國領土和戰力的前提下獲勝，追求天下國家利益。」

他接著說道：「正因如此才能避免軍隊受挫，藉由用兵技巧獲得完整利益。」

戰鬥的目的是為了獲勝，但應該同時考量打贏後想要「什麼樣的結果」，想在「不失去什麼」的前提下勝利，以及「如何取勝」才好。一定要避免消滅對手，或是為自身帶來龐大損失的取勝方式。

極力保留自己的兵力，並獲取對手的兵力和錢財是真正的「勝利」。因此，避免兩敗俱傷的野外戰、攻城戰、長期戰，才是明智的策略。

江戶時代初期發生了日本史上最大規模的人民起義事件——島原之亂。幕府軍在鎮壓之際，將佔據原城址的三萬多人全數殺害，附近的農地變成一片無人耕種的荒野。

幕府花了數十年才復興此地，從此以後便不再施行斬草除根的嚴厲鎮壓。孫子不斷強調，**戰爭並不是只要贏了就沒事**。

為什麼停手!?
喂…
哼
打架的目的並不是為了消滅對手。
所以我想停戰和解。
當然能不打架更好，我還不夠成熟…
你果然是最強的…可以叫你「師傅」嗎!?
不要！
拜拜

第四章

「具體戰術」

——將一切化作武器

33 「現在」是行動的絕佳時機。

故兵知彼知己，勝乃不殆；
知天知地，勝乃可全。
（地形篇）

孫子說：「了解敵情並覺察我軍實情，就不會對勝利感到不安；進一步了解土地狀況或天界運行在軍事上的意義，就能依照計畫完美獲勝。」

《孫子兵法》〈謀攻篇〉中的「知己知彼」（參照第七項）概念，在〈地形篇〉重複出現。這是《孫子兵法》中最有名的一句話，同時也是勝利的真諦。為了在實戰中確保勝利，孫子提出三大必要條件。

①我軍士兵具備破壞敵軍的能力。
②敵軍處於能被我軍擊敗的狀態。
③地形對我軍有利。

①和②是「知己知彼」，而孫子將③「地形」加入勝利要訣。

地形條件在現今的經濟社會中，也許可以轉換為市場或趨勢等時代環境。此外，「天界運行」則可以理解為時機。特別在商務場合，忽視時代趨勢很難成功，因為熱門商品或流行事物會反映時代氛圍。

我們平常習慣用時鐘計算時間，為了在戰鬥中獲勝，**必須算出「就是現在」的絕佳時機**。

孫子高中女子足球隊正在參加縣賽。
最後一場練習賽下半場結束時，比數維持0比0，進入延長賽——
SONSHI 10
還有時間！對手疲憊的時候是得分的好機會！
SONSHI
就是現在！
成功了！
GOAL!!

34 地形與環境也能化作武器。

夫地形者，兵之助也。料敵制勝，計險阨遠近，上將之道也。

（地形篇）

孫子說：「地理形狀是輔助軍事行動的重要條件。考察敵情並擬定勝利的策略，考慮地形是崎嶇或平緩，距離是遠是近，活用勝利的輔助手段是統帥全軍的上將應該具備的行動基準」。

他繼續說：「熟悉這種戰法的人必定獲勝，沒有自覺的人則必輸無疑。」

雖然戰鬥會受到運氣影響，但這不表示戰爭是賭博行為。孫子兵法**追求極力排除賭博性質的勝利**。

因此，一定要充分留意地形狀況。熟悉地形是否能折返，是否有狹窄的地方，岔路多不多，運用各種地形發揮自己的優勢並制定戰術是很重要的事。

重要的不只是地形。與第三國結盟，在國境集結兵力並牽制對手，四處迂迴避免作戰，即使不涉及戰鬥行為，這些也都是軍事行動的一環。

能夠靈活地執行軍事行動，才能將運氣的影響降到最低，打一場必勝的戰鬥。

即使無法預測未來的情勢也不該任由運氣發展，一定要充分掌握情況並加以利用。

把地形當作勝利的輔助手段……
足球的地形是指什麼？
？
我也不太清楚，是不是指球場？
確實。
只要採取活用整個球場的戰法就行了。
原來如此，畢竟我常常被球牽著走～
沒錯！一起活用沒有對手的空檔吧。

35 借助時日與天候的力量。

發火有時，起火有日。
（火攻篇）

在特殊戰法火攻解說中，孫子說：**「放火需要適當的時節；要讓火勢持續燃燒也需要適當的日子。」**孫子認為適合放火的時節是空氣乾燥的時候。而適當的日子是月亮與星座箕（射手座）、壁（飛馬座的一部分）、翼（巨爵座）、軫（烏鴉座）重疊的日子，他透過經驗得知這些日子易起風。

孫子在「火攻篇」也有提及水攻法，水攻能阻止敵軍人馬通行，長時間孤立敵軍，但需付出龐大成本。相較之下，火攻能在短時間內消滅敵人戰力，成本效益非常高。然而，**即便是如此優秀的戰法，還是必須慎選日期、時間和天候等條件才能充分發揮效果**。不懂善用日期、時間、地點和天候，恐怕只會想出愚蠢的計策。

諸葛孔明在赤壁之戰以「火攻」聞名，建立七星壇召喚東風，焚毀敵國魏軍的船隊，贏得奇蹟般的勝利，可說是中國四大奇書之一《三國演義》的最大看點。孔明其實並未創造神祕的奇蹟，因為他精通天氣和天文，才能選擇最適合火攻的日子。

比賽當天
好熱！
聽說今天最高溫三十八度喔。
慘了。
大家在暖身前要充分補水喔。
對手跟我們一樣怕熱啊。
喔!!
狀況的應對程度也會影響我們的比賽表現。
比賽中
好熱……
SONSHI 9
3
身體很靈活！

36 仔細留意衛生環境。

凡軍好高而惡下，貴陽而賤陰。養生處實，是謂必勝，軍無百疾。（行軍篇）

孫子說：「軍隊喜歡高地，不喜歡低地，陽光充足的朝南地點最好，陰暗面北的地點最糟，軍隊佔領水草豐富的地區時，應注意士兵的衛生環境。這就是必勝屯駐法，可以避免軍隊內部爆發各種疾病。」

孫子認為戰爭很殘酷，將領必須為肩負重擔的士兵仔細留意周遭環境。

有關衛生方面的問題，南丁格爾透過統計學提出證明，一八五三年克里米亞戰爭中士兵的主要死因並非戰死，而是惡劣衛生環境所引起的疾病。她從這件事得到啟發，致力於改善醫院衛生環境，例如將病房分隔成「獨立房間」，或是在每張床的旁邊裝設一個「窗戶」等。孫子早在西元以前提出同樣的觀點，教導將領為士兵提供最好的環境，他的慧眼真令人驚訝。

某位職業足球隊的教練就任後，給球員的第一項指示是整理髒亂的更衣室，因為更衣室是球員準備比賽的地方。這位教練堅信混亂的環境會影響球員的專注力，降低戰鬥的意志。**環境會對人的動力帶來巨大影響**，注意環境條件才能拿出最好的表現。

半場休息
大家的行動很靈活！就這樣保持下去！
好！下半場也要正面進攻！
……總覺得肚子好餓~
有沒有食物呢…
拉開背包
咕嚕~
之前一直沒機會吃的飯糰！
怎麼會~
咦
ツナ
管他的
我開動了~
你要吃嗎!?
等一下！
SONSHI 9
10

37 在問題擴大前止血，才能降低傷害。

上雨水，水流至；止涉，待其定也。（行軍篇）

孫子說：「如果上游下雨，水流達到渡河點後，應停止渡河並等待水位下降。」

孫子認為，輕率地判斷事情「沒什麼」問題，將引發嚴重危機。如果可以預知危險就不要急於前進，應該做出「停等」的判斷。道理看似簡單，實際上非常困難。在時間充裕的情況下，停等是很容易做到的事；但在時間緊迫，必須「盡快抵達」戰場的時候，即使有水量可能增加，人往往會根據自己的期望判斷事情「還不嚴重」。

發生嚴重問題時，任何人都不得不停下腳步；但是當問題還小時，人會想著之後再解決，或是認為這點小事不要緊。

戰鬥不僅需要前進的勇氣，還需要應對微小的危險和問題，以及停等的勇氣。

人會犯下大錯的原因之一在於，面對自己犯下的小失敗或小問題，試圖加以掩飾或自行解決。但是，恐懼暴露反而會讓問題變得更嚴重。俗話說「小事釀大事」，絕不能輕忽微小的失敗或問題，應該像面對重大錯誤或問題那樣處理。記住這個道理才能防止大事發生。

好！一起確認下半場的戰術吧！
喔!!
下半場也要加油…
山根…你怎麼了!? 一副快死的樣子…
不知道為什麼突然覺得肚子好不舒服…
咕～
一定是因為剛才的飯糰！
山根換人！你去休息！

38 想快速前進時，更要放遠目光。

國之貧於師者，遠者遠輸。
（作戰篇）

孫子說：「國家成立軍隊而變貧困，是因為遠征軍將補給物資送往遠處。」

將領應該隨時注意，擁有士兵不代表有辦法作戰。除了武器和彈藥之外，還要準備充分的糧食或衣物等軍需品，否則士兵無法作戰。必須將傷亡的士兵往後送，新兵則送往前線。這種補給工作稱為「後勤（Logistics）」。戰場離本國很遠時，後勤線太遠會造成補給困難，使軍隊陷入苦戰。從遠處運送物資是很大的負擔，會讓人民的生活更困苦。因此，應該盡可能在敵國獲取物資，但有些平庸的指揮官甚至會忘記這件事，一心只想使喚士兵。孫子認為，讓不懂補給的重要性或難處的人統領國家或軍隊，必定導致失敗。

人在戰鬥過程中總會把目光放在眼前，但其實強大的後勤才是支撐整場戰事的關鍵。以更深更廣的角度思考後勤部署，是領導者最重要的眼界之一。

尤其在精神振奮的時候，人的眼光和想法往往更狹隘，這時**必須有意識地放眼觀察後方和遠處的情況**。

上半場
攻擊和守備的
距離太遠了。
攻
守
就算前鋒拿到球
也孤立無援，
球馬上就會被搶走。
來人啊～
DF
DF
DF
孤立
拉近攻擊陣型和
防守陣型的距離，
集中縮小整個隊伍。
攻守
然後開始
連續進攻！
盤球路徑
DF
DF
傳球路徑①
傳球路徑②

39 分散大軍，逐一擊破。

我專而為一，敵分而為十，是以十擊一也。

（虛實篇）

孫子說：「將我軍所有兵力集結成一個部隊，將敵軍拆散成十個部隊，以敵方十倍的兵力，攻擊兵力只有我方十分之一的敵人。」

在競爭中，多數不一定總是能夠戰勝少數，處於弱勢的小兵驅逐大敵很令人痛快。但以小博大是有技巧的，也就是孫子所說的「分散戰法」。

讓對手曝露形勢，同時掩飾自己的形勢。對手因毫不知情而感到不安，為了應變各種可能的情況，不得不分散兵力。只要將大軍拆散，每支隊伍就跟小軍隊一樣。

反過來說，隨時整合小軍隊就能保持強大。這樣以小博大的基本結構就成形了。

接下來，我方掌握戰鬥場地和時間且不讓對手知道，對手將無法動彈。同一個部隊裡的前衛無法支援後衛，右翼也無法協助左翼，即使遠方有強大的友軍也不成威脅。

決定成敗的關鍵不在於兵力的多寡。**即使人數較少，只要分散敵人並集中我軍就能夠經常獲勝。**

下半場
哎呀
防守一對二，馬上就遇到危機了！
先打斷他們的傳球路徑……
啊
啊
傳球路徑
製造一對一的機會……
冷靜點，把球搶下來！
啊—！
噠
噠
SONSHI 10

40

伺機而動，把握先機。

是故始如處女，敵人開戶，後如脫兔，敵不及拒。
（九地篇）

孫子說：「一開始如少女般溫順節制，在敵人門戶洞開的瞬間，如脫逃的兔子迅速侵略敵國，使敵人毫無招架之力。」

孫子兵法除了強調戰前要完善準備之外，在實戰中也要緊盯對手，注重臨機應變的行動力。重點在於**冷靜等待絕佳時機，在機會來臨的瞬間攻擊敵人**。

如果機會來臨時還要花時間才能動身，表示事前準備不足。緊要關頭才討論對策，缺乏計畫的行動會讓機會瞬間溜走。

「軍爭篇」也有提到臨機應變、收放自如的行動方式。「如疾風般迅速攻擊，如樹林般冷靜等候，如火焰般激烈侵襲，如高山般穩固，如黑暗般隱身，如雷鳴般瞬間行動……（故其疾如風，其徐如林，侵掠如火，不動如山，難知如陰，動如雷霆。）」

武田信玄的軍旗「風林火山」出處，正是源自這段名句。不論是在戰場上，還是面對人生重大事件，迅速把握機會並展開行動才能有所收穫。

現在這段期間集中防守！
好!!
攔截！
現在！
噠！
看我化危機為轉機！
噠

41

率先佈局，製造緩衝。

故善戰者，
致人而不致於人。
（虛實篇）

孫子說：「擅長戰鬥的人能夠隨心所欲調動敵人，絕不會受到敵人的擺布。」

要隨心所欲控制敵人的行動，關鍵在於掌握先機，先下手必定得勝。因為握有主導權的一方可以讓戰情朝有利的方向發展。孫子認為，自己掌握主導權，且不讓對方得手是很重要的事。

「軍隊先到戰場，等待敵軍抵達很輕鬆；軍隊後到戰場，沒有休息直接作戰很疲勞。」〈虛實篇〉

比如說，當對手在有利的地點佈陣時，只要進攻對手死守的其他要衝，使他們遠離有利的地點就能取得先機。

Google和亞馬遜公司在二十多年前創業，創業初期以「壯大」公司為優先考量，即使虧損仍堅持下去，積極展開先行投資。

這麼做是因為他們看出持續走在前端，就能藉由快速成長稱霸網路時代。

雖然跟在別人的後頭感覺更放心，但生在**如今的時代需要具備打頭陣的勇氣，以及持續走在前面的企圖心**。想要獲勝就不能看著周圍的人，而是應該自己行動起來。

對手現在很焦躁！
繼續傳球！
射門！先拿分！

42 拚命戰鬥，但不置對手於死地。

圍師遺闕，歸師勿遏。

（軍爭篇）

孫子說：「包圍敵軍要先保留逃生出口，不阻止敵軍撤回故國。」

當被置於死地的士兵發動必死的攻擊時，不會區分敵我。將敵人逼入險境時，應注意「窮途末路的老鼠會反咬貓一口」的道理，不要正面承受敵人的反擊。

孫子認為全面包圍對手是很危險的作法。為了避免對手因為想活下去而誓死反擊，應該刻意在包圍網的角落保留出口。

先讓敵人逃脫再追擊才能削弱攻擊力，不要在前方壓制敵人。

孫子一直都在追求損失最小的勝利法。**保留逃生出口不只能降低我方的損害，還能避免增加對手的損傷**。也就是說，可以在不留的遺恨的情況下獲勝。例如在關原之戰，戰敗的西軍島津義弘隊被東軍包圍的事件。島津隊只憑少量的三百人攻破東軍的數萬兵力，打了一場返回故國薩摩的撤退戰。

傳說約有八十多人成功返國，這場壯烈的戰爭場面在現代被稱為「島津的退路（島津の退き口）」，士兵渴望返鄉的那股氣勢非常驚人。

好！
再拿一分！
不…
小心又被包圍，
好好防守！
嘖
我們佔上風，
繼續進攻
也沒問題！
十分鐘後
還有
時間！
奇怪…
明明球一直
在我們這邊…
卻拿不了分！

43 不做非必要的事。

途有所不由，
軍有所不擊，
城有所不攻，
地有所不爭。
（九變篇）

孫子說：「路途有非走不可的道路。敵軍有非攻擊不可的敵人。城堡有非攻略不可的城池。領土有非爭奪不可的土地。」

孫子並不認為百戰百勝的力量是有價值的事。他反而告誡將領應該避免不必要的戰鬥。看到前面有城就進攻，附近有敵人就正面攻擊，這種戰法會導致戰線延長，嚴重消耗兵力和物資。即便持續打贏一百場仗，如果因為筋疲力盡而在最後關頭戰敗，那就得不到任何成果了。所以，面對近在眼前敵軍，只要還有辦法靠謀略或誘因使對手屈服，就不能發動攻擊。即便擁有攻城的力量，如果該城不能帶來龐大利益，就應該直接通過。攻打寸草不生的荒涼土地，或是非戰略要衝的地點是沒有意義的。

這在現代人的工作方面也是同樣的道理。每個人的時間和體力都是有限的，**應該分辨哪些工作有價值，哪些沒有特殊價值，並且專注於前者**。

全球投資大師的富豪華倫巴菲特曾說過：「沒必要做的工作，做得再好都沒有意義。」

45
傷停時間有五分鐘……
不要進攻，繼續傳球！
好！
堅持下去，拖延時間。
可惡！來一較高下啊！
嗶——!!
打贏了～！
唔——!!

第五章

「經營管理」

——凡人團隊勝過一人天才

44 組織的編制與溝通是關鍵。

凡治眾如治寡，分數是也。鬥眾如鬥寡，形名是也。（勢篇）

孫子說：「能夠像整頓小軍那樣率領大軍，是仰賴部隊的編列技巧。能夠像整治小軍那樣指揮大軍作戰，是憑藉旌旗、鉦、太鼓的信號來傳達指示。」

孫子很重視組織理論。不論戰略再怎麼完善，組織大亂就沒辦法實踐策略。此外，即使戰術和戰法再優秀，無法靈活調動組織就會被敵人擊潰。

要建立一個實力堅強的組織，平時的管理十分重要。**部隊編列及通訊方法是基本條件**。運用兩大條件為組織注入生命力，就能建立必勝戰法。

這個道理也適用於非軍隊組織，部門的分配方式、各部門的人數、要職的人員安排、共享資訊的溝通方式，這些都是奠定一個組織的基礎。

孫子繼續說道：「面對敵軍來自四面八方的攻擊，要讓全軍部隊迅速應對並保證不失敗，需要運用奇法和正法。敵軍從某處攻擊我軍兵力時，像以石擊卵那樣輕易擊敗敵人的關鍵是以實擊虛的戰術。」

參加合唱比賽的時候到了。
有沒有人想當指揮~?
喧譁
我。
喔!!
喧譁
因為我不會唱歌~
確實
哈哈哈
是誰說我確實不會唱的!?
哈哈哈
好好好，冷靜一點。那指揮決定好囉。
繼續決定其他人選吧!

45

整合組織前，先建立信賴感。

卒未專親而罰之，則不服，
不服則難用也；
卒已專親而罰不行，
則不可用也。

（行軍篇）

孫子說：「如果士兵不親近將軍也沒有向心力，那即使將軍予以懲罰，他們也不會服從命令。將軍不受士兵信任，不論是什麼命令，他們都不會依令行事。但即使士兵團結一心，與將軍關係親近，不實施嚴厲的處罰，軍隊還是無法發揮作用。」

那麼，身為一個領導者該怎麼做？孫子提出忠告：「為了讓士兵團結一心，應該與他們密切交流；透過刑罰來展示權威以管理士兵的行動，必能成功凝聚統領軍隊。」〈行軍篇〉。

在一場搏命的戰爭中，將軍和士兵的關係比什麼都還重要。為了得到他人的信賴，必須在體恤他人和嚴厲行事上取得平衡。

雖然將軍擁有壓倒性的權力，但也不能蠻橫不講理，這會造成士兵表面服從，內心抗拒命令，無法整合組織。**不能單靠職權或權力來使喚他人**。雖然需要繞點遠路，但如果想讓下屬完全聽命行事，也只能一步步建立信任關係。建立信任感確實要花上一些時間，但一個很信任領導者，想「為他獲勝」的隊伍，才能發揮團隊優勢。

一起努力練習吧！
好喔~
好累~等一下~
哇
哇
大家怎麼了!?拿出幹勁來！
趕快排好隊！
吵死了~
喧嚷
喧嚷
喧嚷
憤怒——！
說我吵是什麼意思!?
大家到底想不想拿獎？這樣根本贏不了啊!?
一片寂靜——…
啊……！
抱…抱歉…

46 團隊合作的好壞，決定組織的命運。

故善用兵者，譬如率然。……擊其首，則尾至，擊其尾，則首至，擊其中，則首尾俱至。

（九地篇）

孫子說：「能靈活指揮軍隊的人就像率然（棲息於五嶽恆山的蛇）。攻擊頭部，牠以尾巴反擊；攻擊尾巴，牠以頭反擊；攻擊中心部位，則同時以頭和尾巴反擊。」

戰爭中的軍隊規模愈大，所有人愈不常待在相同的地點，通常會分為主力部隊和特殊行動部隊。因此，一定要確實執行串聯行動才能獲勝。

足球界有一句話是：「足球隊是由十一名選手組成的最佳隊伍，而不是由十一名最佳選手組成的隊伍。」雖然華麗的盤球和迅速的射門是很吸引人的技術，但足球基本上是由選手串聯足球的一種運動。

因此，足球比賽的致勝祕訣在於降低自我意識，為團隊付出貢獻。即便是集結眾多一流選手的「夢幻團隊」，一旦缺少紀律和奉獻精神，就無法成為強大的隊伍。

關鍵在於凝聚所有人的向心力，共同朝勝利前進，是否能做到這點，將為隊伍帶來決定性的不同。只要集結眾人之力，交換知識並互相幫助，那即使每人各自的能力較差，還是能靠團隊的綜合實力獲勝。

怎麼辦…我們班一點都不團結…
唱出聲音!!
吵死了
…
那個…
是!?
緊張
不安
先決定各部分的組長…
找出共同的練習目標，怎麼樣…？
緊張
不安
兵法
啊！當我沒說！只是說看看而已…
好主意！
不，這個方法非常棒！試看看吧！
緊張
不安
兵法

47 使所有人被迫團結的情境。

故善用兵者，攜手若使一人，不得已也。

（九地篇）

有人詢問孫子：「該怎麼做才能像率然（參考前一項）那樣聯手合作？」他答道：**「懂得靈活用兵的人能夠讓整個軍隊串聯合作，就像指揮一個人那樣，因為他讓士兵處於不得不行動的情境中。」**

一個組織有形形色色的成員，有人很勇猛，也有人隨時可能叛離。有人平凡卻能澈底執行團隊合作，有人能力高強但更重視個人表現，還有企圖扯同伴後腿的小人。

讓這些人團結合作才能建立組織，展開靈活的行動。

在一個小團隊中，領導者可以一邊觀察每個人的心理狀態，一邊指揮團隊。但是，大團隊卻沒辦法這麼做。在所有人無法理解情況的前提下，**讓他們陷入被迫團結行動的情境，才能有效率地指揮整個團隊**。

孫子如此形容：「雖然越國人和吳國人彼此憎恨，但雙方在同一艘船上共同渡河時，互相合作的模樣就像左手和右手。」〈九地篇〉

現代仍在使用的成語「吳越同舟」，正是源自於此。

嘻嘻
嘿嘿
雖然大家比較團結了，但還是很擔心…我得想辦法處理那兩個人…
吉岡和三浦…
喂～
嘻嘻嘻
小組長因為害怕而不敢出聲…只能由我來說…
夠了！
大家認真點…嗚嗚嗚…
嗚嗚嗚…
認真練習啦！嗚嗚嗚……
!!
…
喔…喂……
慘了—
別哭啦…
!!!

48 團隊合作引領組織獲勝。

上下同欲，勝。（謀攻篇）

孫子提出了預測勝利的五大要點。看清戰局、運用兵力、事前規劃、頂尖能力，以及「**上下一心就能獲勝**」。

孫子很注重氣勢。假設雙方戰力相當，更有氣勢的一方必定獲勝；戰鬥的恐怖之處在於一旦失去士氣，規模再大的軍隊都將導致失敗。

事前準備和地形活用可以提升氣勢，但最重要的還是**組織內部溝通想法、目標一致的心理條件**。有些企業經營者感嘆公司內部不曾互相溝通，可說是失敗的領導者。既然沒有那就自行創造，這是領導者的職責。

首先，發生疏漏或誤解時，不要認為沒關係而放任不管。領導者什麼都不做，成員就什麼都做不了。領導者的覺察認知程度將影響成員的認知。

明明作戰對手在外面，但組織卻發生嚴重內鬥，肯定導致團隊萎靡失敗。

知名足球教練卡洛斯・凱羅斯說過：「最終勝利並不會照耀在一群優秀的個人身上，而是從選手到教練團都團結一心的優秀隊伍。」

吉岡……
三浦……
咻呼呼呼…
你們是不是覺得就算自己不唱也不會影響到大家…？
本來就是啊！讓想唱的人去唱就好啦！
你們想唱就唱，別把我們算進去！
你們根本不懂為了獲勝而努力的價值！
輸了根本不會留下任何回憶啊！
呀啊啊
哇啊啊
既然技巧都一樣，那向心力愈強的班級就能贏！
嘎～
嘎～
嘎～

49 活用「眾人」意識。

民既已專，
則勇者不得獨進，
怯者不得獨退；
此用眾之法也。

（軍爭篇）

孫子說：「如果士兵的注意力已集中，勇敢的人不能擅自前進，懦弱的人也不能私自撤退。這是大部隊的指揮方法。」

資金和強制力是國力的基礎，可用來集結士兵並整合武器。但是，**影響成敗的關鍵是戰略的巧拙和士氣的高低**。如何將這些條件提升至最高境界，端看領導者的個人力量。在戰鬥中必須賭上自己的性命，如果有絲毫戰敗的預兆，人就會像逃離沉船的老鼠般撤退，領導者發號施令也沒人聽得進去。

孫子時代還不理解「同儕壓力」的心理概念。雖然軍隊是一種上意下達的垂直管理組織，但士兵之間會互相影響。因為大家都這麼做或不想給別人添麻煩而彼此影響，形成互相約束的水平管理關係。

領導者必須在垂直和水平關係中找到平衡，並且整合組織。誓死作戰的軍隊出現叛離者是無可避免的事，領導者的能力是將發生的機率降到最低。雖然同儕壓力總是給人一種負面的印象，但人類確實擁有這種心理狀態。巧妙應用同儕壓力也是一種優秀的領導手段。

大口喘氣～
糟了…我又大叫了…
說的也是，一起練習吧！
好…練習吧！
！
啦啦啦～
他在唱!?
啦哩嚕～
啦哩嚕～

50 個人命運影響能力，團體命運決定氣勢。

故善戰者，
求之於勢，
弗責於民，
故能釋民而任勢。
（勢篇）

孫子說：「善於戰鬥的人在戰鬥中憑一股氣勢獲勝，不能仰賴士兵個人的勇氣，而應該運用軍隊的力量。」

現代先進國的軍隊，試圖利用受過大量訓練的陸海空軍菁英和最新武器，一舉拿下勝利。但是，孫子時代的軍隊大多由農民或戰敗國的俘虜組成。為了讓鬆散的士兵團結一心，孫子建議不要仰賴個人的力量，而是要創造有利的條件，乘著氣勢取勝。

比如《三國演藝》關羽、張飛、趙雲等名將一騎當千，他們讓故事變得更有趣，少年漫畫也經常出現單一角色翻轉戰況的情節。然而，現實中的戰爭無法靠一名英雄扭轉戰局。即便是只有九人的棒球或十一人的足球隊伍，也很少發生單憑一名天才選手獲勝的情況。更不用說幾萬人在廣大土地不斷奮戰的戰爭，要靠**集體力量才能發揮效果**。

孫子認為應該在戰略和佈陣上花心思，使士兵擁有圓石從陡坡滾落般的氣勢。如此一來，即使一個人的戰鬥能力只代表一，一加一可以變成五或十，凡人團隊就能夠壓制精銳部隊。

妳居然能制服吉岡和三浦，真的好厲害！
哇
哇
哇
沒有啦~
雖然一個人做不了什麼大事，
但我覺得只要團結大家的力量就能辦到。
不過，為了做到這點…
大家的氣勢！
氣勢很重要喔！

51 不了解確切情況，不下令前進或撤退。

故君之所以患軍者三：
不知軍之不可以進，而謂之進；
不知軍之不可以退，而謂之退。
（謀攻篇）

孫子說：**「君王導致軍隊危機的原因有三點。第一，君主不知道軍隊不該進攻而下令進攻，不知道軍隊不該撤退而下令撤退。」**接著指出第二點原因：「不了解軍隊的目標任務卻介入軍隊內部，與將軍共同管理，造成士兵不知道該聽從哪一方的命令。」第三點原因是：「不了解用兵技巧，卻像將軍那樣指揮軍隊，導致士兵懷疑是否應該遵從將軍的命令。」

君王的權力很大，君王的命令與將軍的判斷背道而馳，將軍會很為難，軍隊將陷入混亂而導致失敗。領導者距離戰場較遠，所以想法往往不符合現場情況。**雖然領導者有權力下達命令，但在不懂的情況下，不應該提出輕率的判斷和指示**。

除了軍隊之外，其他組織也有這種領導者，口頭上把任務交給你，實際上卻越過現場負責人，不管實際情況擅自下達指示。

孫子或許是想表達，領導者應該信任負責人，而負責人則應該分清楚，哪些是領導者的權力，哪些是自己的職權。

喔～
在練習和唱嗎？
嗯
啊，數學科
田邊老師。
是的，
之後還要
繼續練…
儘量早點
回家吧～
橋本，
再不提高
數學分數，
考試就慘囉。
下山也是，
與其練習唱歌，
不如多讀點書。
拜拜
踏步
踏步
那個混蛋！
破壞
練習的
氣氛！

52 違反全體利益的命令，應該違抗。

故戰道必勝，主曰無戰，必戰可也；戰道不勝，主曰必戰，無戰可也。（地形篇）

孫子說：「戰鬥的道理在於，當我軍有絕對的勝算時，即使君王下令不作戰，將軍也要毫不猶豫地作戰。相反地，在沒有勝算的情況下，即使君王下達務必參戰的命令，將軍也可以不作戰。」

孫子認為，當君王的命令和將軍的想法不同時，將軍應該拒絕命令，並提出應該「作戰」或「不作戰」的諫言。

將領在戰爭方面的情報、分析和判斷能力都比君王縝密。如果將軍已看出勝券在握，卻錯失獲勝的機會，將有損國家利益。相反地，如果預估己方將失敗卻還是參戰，會對國家帶來巨大損失。

違抗君王的命令會遭到懲罰或處決，但將軍必須拿出勇氣，為國家利益行動且不畏懼後果。現代也經常發生不知該不該聽從上級指示的情況。

某位企業家認為，工作中最重要的是「理解與接受」。無法接受的工作會讓人提不起勁，在失敗時認為不是自己的責任而逃避。如果對指示抱有疑慮，**自己是否能理解並接受，將是同意或否決的分歧點**。

雖然大家都有其他想做的事，但比賽只剩兩天了！
現在專心唱歌吧！
嗯!!
別在意田邊老師說的話！
大家愈來愈團結了！
好!!
加油！
喔！

53 山窮水盡使所有人變為勇者。

投之無所往，死且不北，死焉不得，士人盡力。

（九地篇）

孫子說：「讓軍隊走投無路，士兵就會抵死不退。面對死亡怎能不奮勇作戰呢？士兵肯定會拚盡全力。」

第47項提及「製造迫不得已的情況」，最極致的策略是所謂的背水一戰。人被逼到窮途末路時會忘記恐懼，失去退路就會產生必死的決心，在敵國的深處堅持團結，為了活著回去只能奮戰到底，因此要讓士兵陷入險境，孫子認為這是一種戰術。

對於誓死作戰的士兵，他如此描述：「在下令決戰的日子，坐著的士兵紛紛落淚，淚水沾溼衣襟；躺著的士兵淚流滿面，淚水流至下巴前端。」〈九地篇〉

對士兵來說，這想必是一件難以承受的事。但如果戰敗了，死的不只有自己，國家也將面臨滅亡危機。既然如此，只能抱著必死的決心戰鬥。內心化作惡鬼，迫使士兵背水一戰的原因正是如此。

以《戰略論》一書而聞名的李德哈特說過：**「戰爭中最無法估算的事物是戰意。」**正因為戰意無法被衡量，運用不同情況才能改變戰意，戰意愈高的一方愈有利。

和唱比賽當天
什麼!!
聽說美咲在來的路上發生意外，今天不能上場！
意外？
咦！她沒事吧!?
嗯
那美咲的獨唱該怎麼辦？
誰來唱～!? 沒人有辦法臨時獨唱吧！
那個…
什麼？大家安靜點！
啊……美咲不能上場的話…我…代替她…
緊張
不安
!

54 太有把握勝利，鬆懈導致失敗。

犯之以事，勿告以言；
犯之以害，勿告以利。
（九地篇）

孫子說：「要隨心所欲地使喚全軍士兵，只能讓他們知道不利的情況，不能告訴他們背後的潛在利益。」因為對士兵來說，這同樣是士兵無法承受的事。

比如，有一種戰術是將敵人引導到我軍有利的戰場，一口氣擊潰敵人；但即便有充分的勝算，可以在這場戰爭中一次打倒敵軍，將領也不會告知士兵實際情報。相反地，戰場在河邊時，士兵將受威脅而「無處可逃」；如果道路狹窄，士兵將被施加壓力，必須快速前進，否則全軍覆沒。

乍看之下，這麼做似乎不會提高士氣，但其實人類的心理反應正好相反。當士兵得知這是場雖冒險卻有利的戰鬥時，緊張感會得到緩解，鬆懈心態將大幅提高失敗率。相反，只傳達不利消息可加強士兵「不得不誓死作戰」的決心，製造必勝情勢。

戰鬥目的是勝利，在嚴峻的情境中迫使士兵團結一致，刻意阻擋好消息，最終目的是為讓士兵品嚐勝利的美酒。同情和友善是正常人類心理，但戰爭的心理戰不同。**「緊張」雖會帶來壓力，但有時也可提升士氣**。

嗯！我覺得可以！
交給妳了！
雖然很不安，但要努力拿下優勝，再跟美咲報告！
化危機為轉機！
謝謝妳。
我知道妳唱得很好喔。
謝謝
一起加油！
好!!

55

為了持續獲勝，必須不斷改變。

亂生於治，
怯生於勇，
弱生於強。

（勢篇）

孫子說：「混亂的部署、命令及佈陣，從井然有序的狀態中產生；士兵怠惰從勇敢的心理狀態浮現；脆弱的戰力從強大中產生。」

從古希臘哲學的「萬物流變」到佛教的「諸行無常」，許多智者都指出世界隨時在變動。即便知道這個道理，人還是會誤以為自己擁有的事物將永恆不變。

然而，一切事物必將發生變化，這種變化往往出乎意料地快。剛開始軍隊的戰鬥整齊劃一，陣型卻在激戰中迅速瓦解，導致將領無法傳達命令。強烈在戰意因身心俱疲和創傷而迅速消退，組織的優勢也被弱點取代。為了避免這種情況，孫子認為**領導者應該持續觀察，努力延緩情況惡化，加快好的變化**。這個道理可以應用在所有事情上。比如我考上了知名大學，在大公司工作，開發了暢銷商品，所以已經沒事了。我們不應該有這種想法。令人放鬆的安全感，是變化及應變能力的阻礙。

意識由已經「沒事」轉換為我要「更努力」，才是真的沒事。

大家加油！
吉岡和三浦都很認真唱，他們真的變了～
獨唱！沒想到真的可以交給她唱！
啦哩嚕咧囉
太好了!!
鼓掌
鼓掌
哇
鼓掌
鼓掌
鼓掌
鼓掌
鼓掌
鼓掌
哇
哇

第六章

「領導能力」

——捨棄私慾，無私奉獻

56 領導者要有智慧、信賴、感情、勇氣、威嚴。

將者：智、信、仁、勇、嚴也。（計篇）

孫子說：「將軍應該具備的能力，有明察事物的智慧，得到部下信任，體恤部下的仁慈心，不屈服困境的勇氣，以及嚴格維持軍律。」

在第五項說明中，孫子分析道、天、地、將、法等五事，藉此得知敵我之間由哪個國家佔據優勢，判斷成敗的走向。開頭這段話就是關於五事之一「將」的描述。雖然通常最先列舉的能力可能是武勇或膽量，但孫子的第一項是「智」，很有「不戰而勝」的風範。智慧是精準分析並冷靜判斷的能力。

孫子很注重組織論，因此下一項是「信」。將軍需要得到部下和君王的信賴。

孫子珍視一兵一卒，舉出「仁」的能力。以現代的說法，就是要懂得尊重他人。「勇」是武將的資質，不僅要有前進的勇氣，也要有撤退的勇氣。最後回到組織論的「嚴」，意指嚴格管理、信賞必罰、公平公正。對如今的領導者來說，五項資質是必備能力。某位經營家說過：「員工沒有好壞之分，只有好和不好的領導者。」**領袖的作風可栽培一個人，也能毀掉一個人。**

學生會選舉要開始了。
下週一要決定我們班的候選人，你們先想一想。
成為團隊領袖，
累積領導經驗，長大之後會很有幫助喔。
智
信
仁
勇
嚴
唔嗯…
兵法
要不要試看看…
吞口水
兵

57 取得平衡是領袖的核心能力。

故將有五危：必死可殺，必生可虜，忿速可侮，潔廉可辱，愛民可煩。（九變篇）

孫子說：「將軍有五大危險。在考慮不周的情況下，抱持必死的決心將遭人殺害；缺乏勇氣而滿腦只想著活命，將遭人俘虜；脾氣不好又沒有耐心，將被人輕視，受騙上當；注重名譽且清正廉潔，將遭人羞辱，落入陷阱；過度愛護士兵，導致要不斷辛苦照料士兵。」

他接著說：「五大危機是將軍的過失，是用兵不當導致的災害。」領導者需要具備多項資質，當某項能力較突出，某項較欠缺時，就會引起大問題，這是困難之處。將領應該掌握智、信、仁、勇、嚴的平衡，根據時機情況來活用不同的資質。**平衡不是指每項資質等量，而是要避免任一項資質失衡，取得能力平衡**。

如今的商業買賣也是同樣的道理。比如說，因為某樣商品的銷量正快速成長，於是大量增加產量，這是很危險的作法。如果消費者突然膩了，商品就會賣不完。但過度謹慎而錯失好時機，將失去大好機會。

人必須兼具「狂熱和冷靜」，在矛盾的條件中找到平衡，才是獲利避損的方法。

到了星期一
有沒有人……願意當學生會長候選人？
鼓起勇氣！
熱
六日已經仔細想過了……
冷
我！
驚訝
喔!!
喔！候選人出現了。
大家一起支持他吧。
鼓掌
鼓掌
鼓掌
鼓掌
鼓掌
鼓掌
鼓掌
!

58 領導者應避免毫無根據的自信。

夫唯無慮而易敵者，必擒於人。

（行軍篇）

孫子說：「將軍未深思熟慮而輕視敵人，將反遭俘虜。」

打勝仗之前會遭遇諸多困難，領導者必須站在風尖浪頭，擁有突破困境的行動力。

遇到困難後，最不應該陷入「悲觀主義」。悲觀主義者只會坐以待斃，不懂採取行動，無法解決任何問題。**隨時保持「樂觀主義」是很重要的領袖精神**，但要小心避免誤入「樂天主義」的思考模式。接下來將以心理學家阿爾弗雷德・阿德勒的說法為例，釐清兩者的差異。

「樂觀主義者」遇到困難也不會因為失望而失去信心，但也不會過度樂觀，能夠務實地處理問題，即使失敗也相信能捲土重來，並且冷靜應對。但是，「樂天主義者」面對困難時，總會毫無根據地認為一切「船到橋頭自然直」，想法很天真，他們不會付諸行動，結果跟悲觀主義者一樣。

孫子所說的未深思熟慮而輕忽敵人的領導者，正是樂天主義者。統領小型組織時抱持樂觀主義的人，換到大型組織擔任領袖時，往往會變成樂天主義者，需多加注意。

喔！候選人的海報貼出來了。
全是一些不起眼又俗氣的傢伙呢。
唔呼呼
這下子我搞不好能贏喔。
喔～今年的候選人都很不起眼啊～
不管誰當選都沒差吧。
!
咦
都沒差……！
咦！…
他們覺得我跟其他候選人半斤八兩!?

59

不可意氣用事，應該控制情緒。

主不可以怒興軍，將不可以慍用戰

（火攻篇）

孫子說：「君王不可在一氣之下發動戰爭，將軍不可一時憤怒而出兵作戰。」

憤怒是短暫的情緒，一定會逐漸消退。隨後便能回到開心愉悅的心境。

但是，因為一時的感情用事而引發戰爭，最終吃了敗仗，會讓無數人民的子孫受苦受難。而且，即便獲勝了，戰死的人也不可能起死回生。**被憤怒的情緒操控是很危險的行為**。

開頭引自《孫子兵法》最終章「火攻篇」最後一節，文章以這段話作結（有些底本的最終章是「用間篇」）。

「有先見之明的君王會以謹慎的態度應對，不輕易發動戰爭；對國家有益的將軍懂得自我警惕，不讓軍隊輕率出擊。如此才能使國家安泰並保護軍隊。」

戴爾・卡內基以自我啟發書籍《人性的弱點》、《人性的優點》而聞名。他認為，人應該在情緒激動時保留一些冷卻時間。

卡內基說：「當心中升起指責他人的衝動時，寫下一封足以燃燒的信，並放置二、三天，這樣就不會把那封信交出去。」

請大家
多多指教～！
孫子高校
請多…
啊，
是學生會長
候選人
綠川同學！
呼ー
你是……
誰啊？
我想想…
哈哈哈
我已經在想
選上之後
要做什麼了。
好不甘心～！
但要忍耐！
唔唔…
啊哈哈哈哈哈哈哈
高校

60 想改變他人，先投注愛情。

視卒如嬰兒，
故可與之赴深谿；
視卒如愛子，
故可與之俱死。

（地形篇）

孫子說：「將軍平時將士兵視為惹人憐愛的嬰兒，因此能在緊急時刻率兵進入危險深谷。此外，將士兵視為自己的可愛孩子，才能讓他們在戰場上奉獻生命。」

任何組織都有遇到「緊急狀況」的時候，這時才能看出一直以來建立的信賴關係，是堅定穩固還是不堪一擊。

孫子指出，如果要建立一個能挺過危機時刻的強大團隊，領導者必須成為父母般的存在。

只會在純粹的上下關係中坐著發令的人，無法在戰爭中培養出勝利隊伍。

假設你是一名主管，只要你拚命守護下屬，允許他們勇敢挑戰並接納失敗，看到這副景象的所有人都會信任你，認為你不是見死不救的領袖。下屬將不再排斥辛苦的工作，團隊必能達到非凡成就。

領導者不僅要執行自己的任務，還要**了解自己的人生也取決於手下的成員**，這很重要。只要理解這個道理，像父母那樣對待下屬將不再是難事。

這下糟了……
怎麼辦……
再這樣下去
會落選……
兵法
喂，
你在煩惱
什麼？
啊，
各位！
拍拍
我們也來
幫忙吧。
畢竟平常
你都會
教我們讀書。
大家……
喔喔……

61 漠不關心導致成員叛離。

先暴而後畏其眾者，
不精之至也。
（行軍篇）

孫子說：「粗暴對待士兵的將領，之後恐怕發生士兵叛變，原因肯定是考慮不周。」

孫子認為，領袖的首要任務是凝聚成員向心力並提高士氣。做不到這點並不是成員的錯，而是領導能力不足所致。

孫子以敵軍的窘境為例，描述領導能力不足所造成的結果。比如，軍營內部混亂是因為將軍缺乏統領士兵的威嚴。旗幟胡亂擺動，肯定是指揮亂了節奏。軍中負責監督的官吏之所以會訓斥士兵，因為厭戰的氛圍正在蔓延。高官在談話中討好士兵，因為士兵的心已遠離軍隊高層。過度懲罰是因為士兵已筋疲力盡，不再聽從命令。

在這種狀態下作戰，結果顯而易見，**責任全在領導者身上**。領導者應該再三考慮面對成員的態度及教育方式。

人總是在獲得權力後開始擺架子，最後導致眾叛親離。

為了統領整合眾人，細心思考是不可或缺的能力。不能等到發現問題才處理，平時就要多多關心團隊成員。

可以幫我發傳單嗎？
謝謝
好。
幾天後
奇怪？這不是我拜託同學發的傳單嗎？
怎麼會在我的座位上？
啊，他說他不發了。
只把傳單交給別人就放著不管，難怪他會離開。
噴
在當上學生會長之前，就要具備領導能力……
我看看—……
兵法

62 珍惜下屬和寵溺下屬，別搞混了。

厚而不能使，愛而不能令，亂而不能治，譬若驕子，不可用也。
（地形篇）

孫子說：「過度保護士兵，他們將不聽使喚；只會寵溺士兵，將無法下達命令；打亂軍規卻無法管理，就像養了一群傲慢孩子的集團，毫無用處。」

領導者必須具備智、信、仁的素質，第六十項內容提過，如父母般對待團隊成員是不可或缺的能力，但也不能過分放縱。孫子認為，將領給予士兵太多關愛，會導致他們一無是處。

恃寵而驕的人意志薄弱，總是期望身旁的人為自己做事。

士兵是否變成這種人，取決於領導者的態度。只會嚴厲施壓的人無法領導團隊，但只會溫柔行事會培養出沒用的人。

身為領導者不只要有慈愛的心，還要有威嚴。

有人說：「領袖必須為部下而流淚，但不在部下的面前落淚。」能感同深受下屬的悲傷才有辦法擔任領導者，但這不表示雙方的關係是對等的。

領導者富有人情的同時，還必須在其他成員面前保持堅定。

必須善待那些還願意幫忙的人。
有什麼事要做？
今天也謝謝你們幫忙！
來！坐下吧！請喝茶！
要不要幫你按摩？
茶
茶
還有零食喔！
咀嚼
咀嚼
多吃點！
POTATO
睡著了…
呼～
呼～
只是請他們喝茶、吃零食，一天就結束了…

63 紀律不得例外，堅守才有意義。

令素行以教其民，
則民服；
令不素行以教其民，
則民不服。
（行軍篇）

孫子說：「平時要確實執行軍令，士兵才會對將軍的指導心服口服。平時軍令稍有鬆懈，士兵會不服從將軍的指導。」他接著說：「將軍平時誠實執行軍令，才能讓士兵團結一心。」

領導者在不受信賴的情況下一味展現嚴厲的行事風格，將引起成員的不滿。但是，受人信任但卻缺乏威嚴，成員將變得毫無用處。

此外，答應要獎賞有功的人，最後卻沒有履行諾言的領導者將失去信用。違反紀律的人須接受嚴厲的處罰，但如果有些人不必受罰，領導者也會失去信用。

約定好的事卻有例外，表示這不是應該遵守的事，承諾變得毫無意義。**不守紀律的團體再怎麼多，都無法戰勝有紀律的團體**。建立團隊紀律正是領導者的職責。

黑田孝高（如水）以《軍師官兵衛》而為人熟知，他也說過：「端正自我言行，是非賞罰分明，不訓斥脅迫他人也能自然地展現威嚴。」

剩這麼多傳單…
一早到校發傳單！還是得以身作則，認真做事。
請多指教
啊……！
不發傳單的那兩人!!
唔！
我給你們的工作太重了，抱歉啊…早上我自己發。
我們才不好意思！讓我們幫忙吧！

64 不將責任歸咎於運氣。

故兵有走者，有弛者，有陷者，有崩者，有亂者，有北者；凡此六者，非天地之災，將之過也。

（地形篇）

孫子說：「軍隊打敗仗時，士兵會逃走、倦怠、失望、崩潰、慌亂。造成這六種情況的原因不是天降災害，而是將軍自身的過錯。」

有些人輸了比賽、遭受挫敗時會把原因歸咎於外界，認為是「運氣不好」或「不可抗力」所造成。自己已經很努力了，所以絕對沒做錯，以這種心態將責任轉嫁給運氣。

運氣確實會影響事情的成敗。但孫子認為，要接近或遠離運氣都是自己的決定，不應該將責任歸咎於運氣。身為領袖，要對自我責任有所自覺。組織陷入混亂，士兵失去戰意撤逃，都是因為將軍無能、不講理、無知，組織的挫敗是由領袖引發的人災。將失敗歸咎於運氣不好，一切就結束了。將領要知道失敗是「自己造成」，進一步分析「原因」，記取教訓並下次改進是很重要的事。

職業棒球名將野村克的名言中，有一句話是：「有奇妙的勝利，沒有奇妙的失敗。」抱持謙虛的心態，認為成功是運氣好，失敗是自己的不足，人才能夠成長茁壯。

政見發表會
我當選學生會長的話…
所以…
!
咦
啊哈哈
麥克風沒開喔~
哇哈哈
搞砸了~!
怎麼會發生這種事!?太不走運了!
啊!是我自己的問題!
選戰還沒結束…要努力到最後一刻!

65 高明的勝利不為人稱道，也不引人注目。

所謂善者，勝易勝者也。故善者之戰，無奇勝，無智名，無勇功。（形篇）

孫子說：「兵法家所稱道的戰法，是戰勝容易打勝仗的敵人。優秀的兵法家作戰時，不會發生驚人神奇的勝利，沒有智將的稱號，也沒有勇猛的武功。」

說起優秀的武將，我們腦中會浮現出源義經或織田信長的形象。源義經以鵯越的一之谷之戰而聞名，信長在桶狹間之戰以數倍的軍勢獲勝，確實是奇蹟事件，在歷史上留名也是理所當然。

孫子認為**真正優秀的將軍並不顯眼**，因為真正厲害的將軍會在勝券在握時作戰，從開始的那一刻就分出勝負了，所以不會發生奇蹟或激戰，「這是你的功勞。」將軍不會得到這種稱讚。仔細想想，在必勝的時對戰打得贏的對手，輕鬆取勝才是最佳策略。我們往往會關注奇蹟或激戰，但那不一定是好的作戰方式。

在棒球界中，知名防守球員能夠接到華麗精彩的好球，但這種選手十分少見，通常會看到選手以普通的方式正面接球。但是，選手要能精準看出投手的球種、打者的準備姿勢，才能瞬間變換每一球的守備位置。

投票結果公布
投票結果
森下
田中
石原
落選了~!
沒想到是森下同學當選…本來以為她很不起眼，竟然以兩倍之差勝選!?
明明當選了…
好冷靜!
啪
孫子兵法
啊!?她在讀《孫子兵法》!

66 無私的人，知所進退。

故進不求名，退不避罪，唯民是保，利合於主，國之寶也。（地形篇）

孫子說：「背負君命而奮戰，不是為了功名而行動。違背君命而撤退，不是為了逃避懲罰，而是為了全心守護人民的生命，同時為君王帶來利益的將軍，才是國家的寶藏。」

孫子主張，對勝利有絕對把握時，或是預估可能戰敗時，將軍應該為了國家利益而自行決定進退，不必聽命君王。

然而，不只將軍，君王也應該心懷國家利益。如果要拒絕君王的命令，證明自己判斷正確，就要提出證據。

證明的關鍵在於「無私」。

人之所以會判斷錯誤，是受到私心和私欲的影響。即使掌握了同樣的能力和情報，有私心的人往往做出錯誤決定。**捨棄「利己」的無私之心，考量「全體眾人利益」，才能做出正確判斷**。

例如，藉由勝利來提高名聲的功名心，害怕戰敗喪命的恐懼心，出於這種心態而違抗君王命令的人絕不可饒恕。雖然珍惜自己是人之常情，但做重大決定時，檢視自己是否有「私心」才能做出正確的判斷。

我輸了。讓我幫你處理學生會的事吧。
謝謝你。
但你不是學生會長，還願意努力做事嗎？
沒關係！打雜也好，讓我幫忙！
——後來
唔喔!!
你好像願意幫忙呢！

參考文獻

本書引用的《孫子》漢文訓讀文，參考淺野裕一的《孫子》（講談社學術文庫）一書，在此致上深深謝意。

淺野先生是中國哲學研究的泰斗，擔任東北大學的名譽教授。其著作《孫子》是劃時代作品，以出土於西漢古墳的竹簡為底本，其精準的註釋及解說被譽為同類書籍中的翹楚。強烈推薦對孫子感興趣的讀者閱讀淺野先生的《孫子》。

本書譯文也有參考該書，但由於篇幅限制，某些部分在不違背文意的前提下加以省略或改寫。此外，引言省略的部分以「……」代替，在日文譯文中的漢字及假名，與原文統一。

監修簡介

齋藤孝

1960年出生於靜岡縣。東京大學法學部畢業，東京大學研究所教育學研究科博士學程修畢，現任明治大學文學部教授。專業領域為教育學、身體論、溝通論。
《重拾身體的感覺（暫譯）》（NHK出版）獲新潮學藝獎。《唸出聲音的日本語（暫譯）》（草思社）掀起日語熱潮，獲頒每日出版文化獎特別獎。亦有《職場日語語彙力》（EZ叢書館出版）、《只有讀「書」能抵達的境界》（采實出版）、《懂書寫的人才能得到的事物（暫譯）》等多本著作。擔任NHK教育頻道「にほんごであそぼ」的綜合指導。

14 SAI KARANO「SONSHI NO HEIHO」
Copyright © 2022 Takashi Saito
All rights reserved.
Originally published in Japan by SB Creative Corp., Tokyo.
Chinese (in traditional character only) translation rights arranged with
SB Creative Corp. through CREEK & RIVER Co., Ltd.

給小大人的孫子兵法入門祕笈

出　　版／楓樹林出版事業有限公司
地　　址／新北市板橋區信義路163巷3號10樓
郵政劃撥／19907596 楓書坊文化出版社
網　　址／www.maplebook.com.tw
電　　話／02-2957-6096
傳　　真／02-2957-6435
監　　修／齋藤孝
漫　　畫／ヤギワタル
翻　　譯／林芷柔
責任編輯／林雨欣、詹欣茹
內文排版／楊亞容
港澳經銷／泛華發行代理有限公司
定　　價／360元
初版日期／2023年11月

國家圖書館出版品預行編目資料

給小大人的孫子兵法入門祕笈 / 齋藤孝監修 ; 林芷柔譯. -- 初版. -- 新北市 : 楓樹林出版事業有限公司, 2023.11　面 ; 公分

ISBN 978-626-7394-01-4（平裝）

1. 孫子兵法 2. 謀略 3. 通俗作品

592.092　　112017002